U0343515

肉牛

规模生产与牛场经营

◎ 赵　珺　余金灵　白生贵　主编

中国农业科学技术出版社

图书在版编目（CIP）数据

肉牛规模生产与牛场经营／赵珺，余金灵，白生贵主编.—北京：中国农业科学技术出版社，2018.2

ISBN 978-7-5116-3490-0

Ⅰ.①肉…　Ⅱ.①赵…②余…③白…　Ⅲ.①肉牛–饲养管理②牛–养殖场–经营管理　Ⅳ.①S823.9

中国版本图书馆 CIP 数据核字（2018）第 012542 号

责任编辑	白姗姗
责任校对	贾海霞

出 版 者	中国农业科学技术出版社
	北京市中关村南大街 12 号　邮编：100081
电　　话	（010）82106638（编辑室）　　（010）82109704（发行部）
	（010）82109709（读者服务部）
传　　真	（010）82106650
网　　址	http://www.castp.cn
经 销 者	各地新华书店
印 刷 者	北京富泰印刷有限责任公司
开　　本	850mm×1 168mm　1/32
印　　张	5.125
字　　数	137 千字
版　　次	2018 年 2 月第 1 版　2018 年 2 月第 1 次印刷
定　　价	32.00 元

前　　言

据了解，中国牛肉总产量连续多年保持世界第 3 位水平，发展潜力巨大。肉牛产业素质稳步提升，全国散养户比重持续下降，适度规模化及标准化程度进一步提高，10 头以上规模养牛户出栏肉牛总数约占全国年总出栏数的 46%。近年来，国家大力倡导种养结合、农牧循环发展的生产方式，全面推进"粮改饲"试点项目，并不断扩大实施范围，有效地推动了中国现代饲草料产业体系的建立，为养牛业等节粮型畜牧业的持续发力提供重要支撑。

本书分为 7 章，详细介绍了肉牛场建设和规划、肉牛品种改良和繁殖技术、营养需要和日粮配合、饲养管理、牛群保健和疾病防治、肉牛场环境控制、肉牛场经营管理等内容。

本书围绕农民培训，以满足农民朋友生产中的需求。重点介绍了肉牛规模生产及牛场经营的基础知识。书中语言通俗易懂，技术深入浅出，实用性强，适合广大农民、基层农技人员学习参考。

编　者
2018 年 1 月

目　　录

第一章 肉牛场建设和规划

第一节 牛场场址选择

一、场址选择条件

（一）合适的位置

牛场的位置应选在供水、供电方便，饲草饲料来源充足，交通便利且远离居民区。

（二）地势高燥、地形开阔

牛场应选在地势高燥、平坦、向南或向东南地带稍有坡度的地方，既有利于排水，又有利于采光。

（三）土壤的要求

土壤应选择沙壤土为宜，能保持场内干燥，温度较恒定。

（四）水源的要求

创建牛场要有充足的、符合卫生标准的水源供应。

（五）肉牛场周边环境要求

肉牛场周边环境同样会对肉牛生产造成重大影响或制约，肉牛场周边环境要求达到以下几点。

1. 交通便利，电力供应充足、可靠

至少保证有一条可供大型货车自由进出的通道，以方便运输干草、精料、秸秆等的车辆通行。为便于防疫，牛场离交通主干道应有适当距离。

2. 符合社会公共卫生准则

既要考虑肉牛场不致成为周围社会的污染源，同时也要注意不受周围环境所污染。牛场要远离化工厂、屠宰厂、制革厂等高污染企业，与居民点之间至少有 300 米以上的距离，与其他养殖场之间也应保持一定的卫生间距。

3. 具有良好的当地饲料饲草的生产供应条件

这样便于就近解决饲料饲草的采购问题，尤其是青粗饲料，要尽量由当地供应，或能由本场规划出饲料地自行种植和生产。

二、肉牛场场地面积确定

肉牛场所需面积要按照生产规模、饲养管理方式和发展规划等确定。既要精打细算，节约建场，还要有长远规划，留有余地。

建场用地主要为牛舍等建筑用地，还有青贮池、干草库及精料加工车间、贮粪池、职工生活建筑用地等。牛舍面积一般可按每头肉牛 10~15 平方米来估算，场地总面积按照不低于牛舍面积的 5 倍进行规划。

以存栏规模为 100 头的肉牛育肥场为例，需要牛舍面积为 1 000~1 500平方米，整个养殖场面积不应小于5 000平方米（约 7.5 亩*）。但如果是农户在自家住房附近建场，且不需要另雇工人，则可省去部分职工生活区面积。

第二节　牛场规划设计

一、牛场的规划布局

按功能规划为以下分区：生活区、管理区、生产区、粪尿处理区和病牛隔离区。根据当地的主要风向和地势高低依次排列。

---

* 1 亩≈667 平方米，全书同

（一）生活区

建在其他各区的上风向和地势较高的地段，并与其他各区用围墙隔开一段距离，以保证职工生活区的良好卫生条件，也是牛群卫生防疫的需要。

（二）管理区

管理区要和生产区严格分开，保证 50 米以上的距离，外来人员只能在管理区活动。

（三）生产区

应设在场区的下风向位置，禁止场外人员和车辆进入，要保证安全、安静。

（四）粪尿处理区

生产区污水和生活区污水收集到粪尿处理区，进行无害化处理后排出场外。

（五）病牛隔离区

建高围墙与其他各区隔离，相距 100 米以上，处在下风向和地势最低处。

二、肉牛场的布局规划原则

肉牛场的布局规划，应按照牛群组成和饲养工艺安排各类建筑物的位置配备；根据兽医卫生防疫要求和防火安全规定，保持场区建筑物之间的距离；凡属功能区相同或相近的建筑物，要尽量紧凑安排，便于流水作业；场内道路和各种运输管线要尽可能缩短，减少投资，节省人力；牛舍要平行整齐排列，并与饲料调制间保持最近距离。

（一）三大功能区的位置

主要考虑人、畜卫生防疫和工作方便，考虑地势和当地全年主导风向，来安排各区位置。

生产区内建筑布局，主要根据牛舍种类及生产阶段特点进行，繁殖母牛舍、犊牛舍在上风向。

（二）牛舍的朝向

主要考虑日照和通风效果，以牛舍达到最理想的冬暖夏凉效果为目标。通常情况下，牛舍朝向均以南向或南偏东、偏西45°以内为宜。实践中要充分考虑当地的地形地势及地方性小气候特点，做到因地制宜。下表列出了我国部分地区民用建筑最佳和适宜朝向。

表　全国部分地区建筑适宜朝向

地区	最佳朝向	适宜朝向
北京	南偏东或西30°以内	南偏东或西各45°以内
上海	南至南偏东15°	南偏东30°，南偏西15°
石家庄	南偏东15°	南至南偏东30°
太原	南偏东15°	南偏东至东
呼和浩特	南至南偏东，南至南偏西	东南、西南
哈尔滨	南偏东15°~20°	南至南偏东或西各15°
长春	南偏东30°，南偏西10°	南偏东或西各45°
沈阳	南或南偏东20°	南偏东至东，南偏西至西
济南	南或南偏东10°~15°	南偏东30°
南京	南偏东15°	南偏东25°，南偏西10°
合肥	南偏东5°~15°	南偏东15°，南偏西5°
杭州	南偏东10°~15°，北偏东6°	南、南偏东30°
福州	南、南偏东5°~10°	南偏东20°以内
郑州	南偏东15°	南偏东25°
武汉	南偏西15°	南偏东15°
长沙	南偏东9°左右	南
广州	南偏东15°，南偏西5°	南偏东22°30′，南偏西至西
南宁	南、南偏东15°	南、南偏东15°~25°，南偏西5°
西安	南偏东10°	南、南偏西

（续表）

地区	最佳朝向	适宜朝向
兰州	南至南偏东 15°	南、南偏东或偏西各 30°
银川	南至南偏东 23°	南偏东 34°，南偏西 20°
西宁	南至南偏西 30°	南偏东 30°或南偏西 30°
乌鲁木齐	南偏东 40°，南偏西 30°	东南、东、西
成都	南偏东 45°至南偏西 15°	南偏东 45°至东偏北 30°
昆明	南偏东 25°~56°	东至南至西
拉萨	南偏东 10°，南偏西 5°	南偏东 15°，南偏西 10°
厦门	南偏东 5°~10°	南偏东 22°30′，南偏西 10°
重庆	南、南偏东 10°	南偏东 15°，南偏西 5°，北
青岛	南、南偏东 5°~15°	南偏东 15°至南偏西 15°

（三）牛舍的间距

牛舍间距主要考虑日照、通风、防疫、防火和节约占地面积。经专业计算，朝向为南向的牛舍，舍间距保持檐高的 3 倍（6~8 米）以上，就可以保证我国绝大部分地区冬至日（一年内太阳高度角最低）9—15 时南墙满光照，同时也可以基本满足通风、排污、卫生防疫防火等要求。

第三节　牛场建设

牛舍一般横向成排（东西）、竖向成列（南北），整个生产区尽量按方形或近似方形布置，以缩短饲料、粪便运输距离，便于管理和工作联系。根据场地形状、牛舍数量和每栋牛舍的长度，牛舍可以是单列、双列或多列式。

一、牛舍类型

（1）半开放牛舍。半开放牛舍三面有墙，向阳一面敞开，有部分顶棚，在敞开一侧设有围栏，水槽、料槽设在栏内，肉牛散放其中。每舍（群）15~20 头，每头牛占有面积 4~5 平方米。这类牛舍造价低，节省劳动力，但冬天防寒效果不佳。

（2）塑料暖棚牛舍。塑料暖棚牛舍属于半开放牛舍的一种，是近年北方寒冷地区推出的一种较保温的半开放牛舍。

（3）封闭牛舍。封闭牛舍四面有墙和窗户，顶棚全部覆盖，分单列封闭舍和双列封闭舍。

二、牛舍结构

（1）地基与墙体。地基深 80～100 厘米，砖墙厚 24 厘米，双坡式牛舍脊高 4.0～5.0 米，前后檐高 3.0～3.5 米。牛舍内墙的下部设墙围，防止水气渗入墙体，提高墙的坚固性、保温性。

（2）门窗。门高 2.1～2.2 米，宽 2.0～2.5 米。封闭式的窗应大一些，高 1.5 米，宽 1.5 米，窗台高距地面 1.2 米为宜。

（3）屋顶。最常用的是双坡式屋顶。

（4）牛床。一般的牛床设计是使牛前躯靠近料槽后壁，后肢接近牛床边缘，粪便能直接落入粪沟内即可。

（5）料槽。料槽建成固定式的、活动式的均可。水泥槽、铁槽、木槽均可用作牛的饲槽。

（6）粪沟。牛床与通道间设有排粪沟，沟宽 35～40 厘米，深 10～15 厘米，沟底呈一定坡度，以便污水流淌。

（7）清粪通道。清粪通道也是牛进出的通道，多修成水泥路面，路面应有一定坡度，并刻上线条防滑。清粪道宽 1.5～2.0 米。牛栏两端也留有清粪通道，宽为 1.5～2.0 米。

（8）饲料通道。在饲槽前设置饲料通道。通道高出地面 10 厘米为宜，饲料通道一般宽 1.5～2.0 米。

（9）运动场。多设在两舍间的空余地带，四周栅栏围起，将牛拴系或散放其内。每头牛应占面积为：成牛 15～20 平方米、育成牛 10～15 平方米、犊牛 5～10 平方米。

第二章 肉牛品种改良和繁殖技术

第一节 常用肉牛品种

在我国，可以用于育肥的牛品种主要有专门化肉牛品种、兼用牛品种、奶牛品种（公犊）以及地方品种，包括黄牛、水牛、牦牛等。

一、专门化肉牛品种

世界上的肉牛品种，按体型大小和产肉性能大致可分为：中、小型早熟品种，主产于英国。一般成年公牛体重550～700千克，母牛400～500千克。成年母牛体高在127厘米以下为小型，128～136厘米为中型。主要品种有安格斯牛、海福特牛等。大型品种主产于欧洲大陆。成年公牛体重1 000千克以上，母牛700千克以上，成年母牛体高137厘米以上。

新中国成立以来，我国各地陆续从国外引进了世界上几乎所有的优良肉牛品种进行我国黄牛的改良工作。实践证明，大型品种对体型等改良效果更明显，更受人们欢迎。不过需要提醒的是，对于我国一些小型地方品种，更适宜引进中小型肉牛品种改良，以免造成母牛难产。

（一）大型肉牛品种

代表品种有夏洛莱牛、利木赞牛、皮埃蒙特牛等。

（1）夏洛莱牛（图2-1）。原产于法国中部的夏洛莱和涅夫勒地区。目前已成为欧洲大陆最主要的肉牛品种之一。我国于1964年开始从法国引进夏洛莱牛，主要分布在内蒙古自治区（以下简称内蒙古）、黑龙江、河南等地。

图 2-1　夏洛莱牛

夏洛莱牛被毛为全身白色或乳白色，无杂色毛。体躯高大强壮。额宽脸短，角中等粗细，向两侧或前方伸展，胸深肋圆，背厚腰宽，臀部丰满，肌肉十分发达，使体躯呈圆筒形，后腿部肌肉尤其丰厚。

夏洛莱牛生长发育快，周岁前育肥平均日增重达 1.2 千克，周岁体重达 390 千克。牛肉大理石纹丰富，屠宰率 67%，净肉率 57%。犊牛初生重大，公犊 46 千克，母犊 42 千克，难产率高，平均为 13.7%，故有"夏洛莱，夏洛莱，配上下不来"的说法，即提醒人们注意所配母牛的选择，以防止难产。

夏洛莱牛适应放牧饲养，耐寒、耐粗饲，对环境适应性强，是我国肉牛杂交的优秀父系之一。杂交公犊强度肥育平均日增重可达 1.2 千克，在较好的饲养条件下，24 月龄体重可达 500 千克。

（2）利木赞牛（图 2-2）。因在法国中部利木赞高原育成而得名，为法国第二大品种。我国于 1974 年开始引入，主要分布于山东、河南、黑龙江、内蒙古等地。

利木赞牛毛色为黄红色，但深浅不一，背部毛色较深，四肢内侧、腹下部、眼圈周围、会阴部、口鼻周围及尾帚毛色较浅，多呈草白或黄白色，角白色，蹄红褐色。体型高大，早熟，全身肌肉丰满。头大额宽，嘴小。公牛角较短，向两侧伸展，并略向外卷，母牛角细，向前弯曲。体格比夏洛莱牛小，但具早熟性。这种出生重小、成年体重大的相对性状，是现代肉牛业追求的优良性状。

利木赞牛肉嫩、脂肪少，是生产小牛肉的主要品种，是国际上常用的杂交父本之一。在良好饲养管理条件下，日增重达1.0千克以上，10月龄活重达400千克，12月龄达480千克。屠宰率64%，净肉率52%。利木赞牛犊牛初生重不大，公犊36千克，母犊35千克，难产率不高。

因为利木赞牛毛色非常接近我国黄牛，所以较受欢迎。用于第2或第3次轮回杂交，其后代难产率较低，母犊继续留作母本是比较好的组合。其改良后代后躯变得丰满，体型增大，成熟性提前。

（3）皮埃蒙特牛（图2-3）。原产于意大利，是目前国际上公认的肉牛终端杂交的理想父本。我国于1986年先后引进公牛细管冻精和冻胚。现种牛主要饲养于北京、山东、河南等地。

皮埃蒙特牛被毛灰白色，鼻镜、眼圈、肛门、阴门、耳尖、尾帚等为黑色。犊牛初生时为浅黄色，慢慢变为白色。成年牛体型较大，体躯呈圆桶型，肌肉发达，皮薄，各部位肌肉块明显，外观似"健美运动员"。

图2-2　利木赞牛

皮埃蒙特牛以高屠宰率（70%）、高瘦肉率（82%）、大眼

图 2-3 皮埃蒙特牛

肌面积（可改良夏洛莱牛的眼肌面积）以及鲜嫩的肉质和弹性度极高的皮张而著名。优质高档肉比例大，是提供优质西式牛排的种源。犊牛初生重，公犊 42 千克，母犊 40 千克，难产率较高。早期增重快，周岁公牛体重达 400~430 千克。皮埃蒙特牛还具有较高产奶能力，280 天产奶量 2 000~3 000 千克。

皮埃蒙特牛已在全国 12 个省市推广应用，已显示出良好的杂交改良效果。在河南南阳地区用以改良南阳牛，通过 244 天的育肥，2 000 多头皮南杂交后代，创造了 18 月龄耗料 800 千克、获重 500 千克、眼肌面积 114.1 平方厘米的国内最佳纪录，生长速度达国内肉牛领先水平。

（二）中小型肉牛品种

（1）安格斯牛（图 2-4、图 2-5）。为英国古老的中小型肉牛品种。自 19 世纪开始向世界各地输出，是现在世界主要养牛国家如英国、美国、加拿大、新西兰和阿根廷等国的主要牛种之一。我国自 1974 年开始引入。近年来，我国各地对该品种的引入力度逐渐加大。

安格斯牛无角，有红色和黑色两个类型。其中，以黑色安格斯牛为多。头小而方，额宽，体躯深、圆，腿短，颈短，腰和尻部肌肉丰满，有良好的肉用体型。

图 2-4　安格斯牛（黑）

图 2-5　安格斯牛（红）

　　安格斯牛生长快、早熟、易肥育，在良好的饲养条件下，从出生至周岁可保持 1.0 千克以上的日增重速度。屠宰率 65.0%，净肉率 52.0%。安格斯牛体型中等，难产率低。牛初生重，公犊 36 千克，母犊 35 千克。

　　安格斯牛对环境适应性好，耐粗、耐寒，比蒙古牛对严酷气候的耐受力更强。性情温和，易于管理。改良黄牛，后代生长速度明显加快，但对体型改进不明显。

　　（2）海福特牛（图 2-6）。原产于英国英格兰西部，是世界上最古老的中型早熟肉牛品种之一。现分布于世界各地，尤其是在美国、加拿大、墨西哥、澳大利亚和新西兰饲养较多。我国在新中国成立前就开始引进海福特牛，但现在饲养量较少。

　　海福特牛体躯的毛色为橙黄或黄红色，并具"六白"特征，即头、颈垂、鬐甲、腹下、四肢下部和尾尖为白色，鼻镜粉红。分有角和无角两种。体型宽深，前躯饱满，颈短而厚，垂皮发达，中躯肥满，四肢短，背腰宽平，臀部宽厚，肌肉发达，整个体躯呈圆筒状，皮薄毛细。初生母犊重32千克。

图 2-6　海福特牛

海福特牛早熟，增重快。据我国黑龙江省资料，海福特牛哺乳期平均日增重，公犊1140克，母犊890克。7~12月龄的平均日增重，公牛 980 克，母牛 850 克。屠宰率一般为 60% ~ 65%，经肥育后，可达 70%。肉质嫩，多汁，大理石纹好。海福特牛年产奶量 1 100~1 800 千克，母性较好。

世界主要肉牛的体尺、体重如表 2-1 所示。

表 2-1　世界主要肉牛体尺、体重

| 品种 | 性别 | 项目 | | | | |
		体高（厘米）	体斜长（厘米）	胸围（厘米）	管围（厘米）	体重（千克）
夏洛莱牛	公	142	180	244	26.5	1 100~1 200
	母	132	165	203	21	700~800
利木赞牛	公	140	172	237	25	950~1 200
	母	130	157	192	20	600~800
皮埃蒙特牛	公	140	170	210	22	800
	母	130	146	176	18	500

（续表）

品种	性别	项目				
		体高（厘米）	体斜长（厘米）	胸围（厘米）	管围（厘米）	体重（千克）
海福特牛	公	134.4	169.3	211.6	24.1	850～1 100
	母	126.0	152.9	192.2	20.0	600～700
安格斯牛	公	130.8	—	—	—	800～900
	母	122.0	166.0	203.0	18.7	500～600

二、兼用牛品种

所谓兼用牛品种，是指其产肉性能和产奶性能均可与一般的专用肉牛和奶牛相媲美。生产中，母牛作"奶牛"，公牛作"肉牛"。该类牛主要品种有以下几种。

（一）西门塔尔牛

西门塔尔牛（图 2-7）主产于瑞士，是世界著名的大型奶、肉、役兼用品种。我国自 20 世纪初即开始引入。我国于 1981 年成立中国西门塔尔牛育种委员会。经过多年的努力，我国已培育出自己的西门塔尔牛，即"中国西门塔尔牛"。在我国北方各省及长江流域各省区设有原种场。

西门塔尔牛毛色多为黄白花或淡红白花，头、胸、腹下、尾、四肢及尾帚为白色，皮肤为粉红色。体格高大，成年公牛体重 1 000～1 200 千克，体高 142～150 厘米；成年母牛体重 550～800 千克，体高 134～142 厘米。额与颈上有卷曲毛。四肢强壮，蹄圆厚。乳房发育中等，乳头粗大，乳静脉发育良好。

西门塔尔牛的肉用、奶用性能均佳。平均产奶量 4 000 千克以上，乳脂率 4%。初生至 1 周岁平均日增重可达 1.32 千克，12～14 月龄活重可达 540 千克以上。较好条件下屠宰率为 55%～60%，肥育后屠宰率可达 65%。犊牛出生重大，公犊为 45 千克，母犊为 44 千克，难产率较高。

图 2-7　西门塔尔牛

西门塔尔牛是至今用于改良我国本地牛范围最广、数量最大，杂交最成功的牛种。西门塔尔改良牛在全国已有 700 多万头，占到我国黄牛改良数的 1/3 以上，并形成了不少地方类群，如在科尔沁草原和辽吉平原，川北的云蒙山区，南疆和北疆不同气候的农牧区，太行山区等都发挥了很好的经济效益，是异地肥育基地架子牛的主要供应区。

西门塔尔牛的杂交后代，体格明显增大，体型改善，肉用性能明显提高。在 2~3 个月的短期肥育中一般具有平均日增重 1.1~1.2 千克的水平，有的由于补偿生长在第 1 个月达到平均 2.0 千克的日增重速度。16 月龄屠宰时，屠宰率达 55% 以上；20 月龄至强度肥育时，屠宰率达 60%~62%，净肉率为 50%。

它的另一个优点是能为下一轮杂交提供很好的母系，后代母牛产奶量成倍提高。

（二）蒙贝利亚牛

蒙贝利亚牛（图 2-8）原产于法国东部。主要引入国有阿尔及利亚、突尼斯、摩洛哥、俄罗斯、伊朗、日本、意大利、加拿大等国。我国部分省份有饲养，用于改良西门塔尔牛与本地黄牛的杂交后代。

蒙贝利亚牛被毛具有明显的"胭脂红色花斑"，有色毛主要分布在颈部、尾根与坐骨端，其余部位多为白色。体型高大，

成年公牛体重 900～1 100 千克，体高 148 厘米；成年母牛体重
650～750 千克，体高 136 厘米。后躯发达，乳房发育好。初生
犊牛重，公牛 46.0 千克，母牛 42.4 千克。

蒙贝利亚牛乳房结构好，排乳速度快，适于机械化挤奶。
2001 年，法国 374 869 头蒙贝利亚牛平均产奶量 6 110 千克，乳
脂率 3.88%，乳蛋白 3.24%。

蒙贝利亚牛生长速度快。以玉米青贮为主的日粮饲养到
14～15 月龄屠宰，日增重可达 1.20～1.35 千克。

图 2-8　蒙贝利亚牛

三、奶牛品种

我国肉牛品种及地方牛品种资源越来越紧张，充分利用我
国的奶牛资源尤其是奶牛公犊育肥进行牛肉生产是一种必然趋
势。我国饲养数量最多的是荷斯坦牛，还有少量娟姗牛。

（一）荷斯坦牛

原产于荷兰。被毛细短，毛色大部分呈黑白斑块（少量为
红白花），界线分明，额部有白星，腹下、四肢下部（腕、跗关
节以下）及尾帚为白色。体格高大，结构匀称，皮薄骨细，皮
下脂肪少，乳房特别庞大，乳静脉明显，后躯较前躯发达，侧
望呈楔形，具有典型的乳用型外貌。成年公牛体重 900～1 200 千
克，体高 145 厘米，体长 190 厘米；成年母牛体重 650～750 千

克，体高 135 厘米，体长 170 厘米；犊牛初生重 40 千克左右。

荷斯坦奶牛饲料转化率较高、生长快、瘦肉多。经肥育的公牛，500 日龄平均活重为 556 千克，屠宰率为 62.8%。

（二）娟姗牛

属小型乳用品种，原产于英吉利海峡南端的娟姗岛（也称为哲尔济岛）。娟姗牛性情温驯、体型轻小、乳脂率较高。成年公牛体重为 650~750 千克，母牛体重 340~450 千克；体高 113.5 厘米，体长 133 厘米；初生犊牛重为 23~27 千克。

娟姗牛被毛细短而有光泽，毛色为深浅不同的褐色，以浅褐色为最多。

四、地方牛品种

地方品种泛指我国不同地区长期饲养的地方牛品种，主要包括黄牛、水牛、牦牛等。

（一）黄牛品种

中国黄牛为传统称谓，系指除水牛、牦牛之外的所有家牛。毛色多以黄褐色为主，也有深红、浅红、黑、黄白、黄黑等毛色。

（1）主要品种。按地理分布区域和生态条件，我国黄牛分为中原黄牛、北方黄牛和南方黄牛三大类型。中原黄牛包括分布于中原广大地区的秦川牛、南阳牛、鲁西牛、晋南牛、郏县红牛、渤海黑牛等品种。北方黄牛包括分布于内蒙古、东北、华北和西北的蒙古牛，吉林、辽宁、黑龙江 3 个省的延边牛，辽宁的复州牛和新疆维吾尔自治区（以下简称新疆）的哈萨克牛。产于东南、西南、华南、华中、中国台湾以及陕西南部的黄牛均属南方黄牛。其中，以秦川牛、南阳牛、晋南牛、鲁西牛、延边牛最为著名，统称为"中国五大良种黄牛"。

（2）主要特性。我国黄牛品种大多具有适应性强、耐粗饲、牛肉风味好等优点，但大都属于役用或役肉兼用型，体型较小，后躯欠发达，成熟晚、生长速度慢。饲养试验表明，晋南牛生长最快，也只能达到 782 克/天，其他黄牛品种日增重 600～750 克。

（二）水牛品种

中国水牛资源丰富，数量仅次于印度，居世界第二位。全国有 18 个省（自治区、直辖市）有水牛分布，饲养量达到 100 万头以上的有 9 个省（自治区、直辖市）。其中，以广西壮族自治区（以下简称广西）水牛头数最多，达 400 多万头，占全国水牛总数的近 20%，依次是云南、广东、贵州、湖北、四川、湖南、江西、安徽和广西，约占全国水牛总数的 90%。

（1）主要品种。亚洲水牛按其外型、习性和用途分成两种类型，即沼泽型水牛和河流型水牛。目前，世界各国大力开展水牛杂交改良工作，出现大量水牛杂交群体，并统一纳入杂交型水牛这一类型，称为杂交型水牛。

我国饲养的沼泽型水牛的主要品种有：湖南的滨湖水牛、云南的德宏水牛、江苏的海子水牛、湖北的江汉水牛等；河流型水牛主要有来自印度的摩拉水牛、来自巴基斯坦的尼里—拉菲水牛等。

（2）主要特性。沼泽型水牛有喜水和滚泥的自然习性，耐粗饲，耐湿热，抗疾病，适应性强，但体型较小（成年公牛 600 千克左右），生产性能偏低，其用途以役用为主；河流型水牛，习性喜水，体型大（成年公牛 800 千克左右），其用途以乳用为主，也可兼作其他用途。

肉用性能，平均日增重 0.40 千克左右，屠宰率、净肉率分别达到 50%、40% 左右。

（三）牦牛品种

牦牛被誉为"高原之舟"，主要分布在我国青藏高原、川西高原和甘肃南部及周围海拔 3 000 米以上的高寒地区。其中，青海、四川、西藏自治区（以下简称西藏）数量最多，均达到了

400 万头以上。

（1）主要品种。经过长期选育，我国已形成 10 多个地方优良品种，分别是四川的麦洼牦牛、甘肃的天祝白牦牛、青海的环湖牦牛、高原牦牛以及西藏的亚东牦牛、高山牦牛、斯布牦牛和新疆的巴州牦牛等。

（2）主要特性。牦牛为原始品种，具有多种经济用途，无专门化品种，具有产肉、奶、皮、毛、绒的功能，也可作役用。牦牛毛和尾毛是我国传统特产，以白牦牛毛最为珍贵，牦牛绒是新型毛纺原料，具有很高的经济价值。

成年公牦牛体重为 300~450 千克，母牦牛为 200~300 千克。成年牦牛的屠宰率为 55%，净肉率为 40% 左右。平均日增重 150 克左右。

第二节　体型外貌及其鉴定

一、肉牛的外貌特征

肉用牛皮薄骨细，体躯宽深而低垂，全身肌肉高度丰满，皮下脂肪发达、疏松而匀称。属于细致疏松体质类型。肉用牛体躯从前望、侧望、上望和后望的轮廓均接近方砖形。前躯和后躯高度发达，中躯相对较短，四肢短，腹部呈圆桶形，体躯短、宽、深。我国劳动人民总结肉牛的外貌特征为"五宽五厚"，即额宽颊厚、颈宽垂厚、胸宽肩厚、背宽肋厚、尻宽臀厚（图 2-9）。

从局部看，头宽短、多肉。角细，耳轻。颈短、粗、圆。鬐甲低、平、宽。肩长、宽而倾斜。胸宽、深，胸骨突于两前肢前方。垂肉高度发发度发育，肋长，向两侧扩张而弯曲大。肋骨的延伸趋于与地面垂直的方向，肋间肌肉充实。背脊平、直。腰短朕小。腹部充实，呈圆桶形。尻宽、长、平，腰角不显，肌肉丰满。后躯侧方由腰角经坐骨结节至胫骨上部形成大块的肉三角区。尾细，尾帚毛长。四肢上部深厚多肉，下部短而结

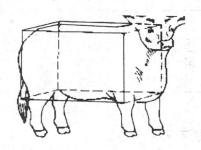

图 2-9 肉牛体型模式

实，肢间距大。

中国黄牛一直被用来耕田、拉车，随着农业操作机械化程度的提高，大部分农区已把黄牛改良为役肉兼用牛或肉役兼用牛。水牛也逐渐改良为肉用牛或肉役兼用牛。

二、肉牛外貌评分鉴定

我国肉牛繁育协作组制定的纯种肉牛外貌鉴定评分标准见表 2-2、表 2-3，对纯种肉牛的改良牛，可参照此标准执行。

表 2-2 成年肉牛外貌鉴定评分标准

部位	鉴定要求	评分	
		公	母
整体结构	品种特征明显，结构匀称，体质结实，肉用牛体型明显。肌肉丰满，皮肤柔软有弹性	25	25
前躯	胸宽深，前胸突出，肩胛宽平，肌肉丰满	15	15
中躯	肋骨开张，背腰宽而平直，中躯呈圆桶形；公牛腹部不下垂	15	20
后躯	尻部长、平、宽，大腿肌肉突出延伸，母牛乳房发育良好	25	25
肢蹄	肢蹄端正，两肢间距宽，蹄形正，蹄质坚实，运步正常	20	15
合计		100	100

表2-3　成年肉牛外貌等级评定标准

性别	等级			
	特级	一级	二级	三级
公牛	85 分以上	80~84	75~79	70~74
母牛	80 分以上	75~79	70~74	65~69

三、肉牛膘情评定

通过目测和触摸来测定屠宰前肉牛的肥育程度，用以初步估测体重和产肉力。但必须有丰富的实践经验，才能做出准确的评定。目测的着眼点主要是测定牛体的大小、体躯的宽狭与深浅度，肋骨的长度与弯曲程度，以及垂肉、肩、背、臀、腰角等部位的丰满程度，并以手触摸各主要部位肉层的厚薄和耳根、阴囊处脂肪蓄积的程度。肉牛屠宰前肥育程度评定标准见表2-4。

表2-4　肉牛屠宰前肥育程度评定标准

等级	评定标准
特等	肋骨、脊骨、腰椎横突都不显现，腰角与臀端呈圆形，全身肌肉发达，肋部丰满，腿肉充实，并向外突出和向下延伸
一等	肋骨、腰椎横突不显现，但腰角与臀端未圆，全身肌肉较发达，肋部丰满，腿肉充实，但不向外突出
二等	肋骨不甚明显，尻部肌肉较多，腰椎横突不甚明显
三等	肋骨、脊骨明显可见，尻部如屋脊状，但不塌陷
四等	各部关节完全暴露，尻部塌陷

四、肉牛生产性能评定

（一）生长肥育性状

肉牛的生长肥育性状指标主要包括体重、育肥指数、饲料报酬、体尺性状及外貌评分等。

（1）初生重。这是犊牛出生时首次哺乳前实际称量的体重。初生重具有中等的遗传力，是衡量胚胎期生长发育的重要指标，也是选种的一个重要指标。影响初生重的主要因素有品种、母牛年龄、体重、体况。早熟型品种初生重占成年母牛体重的5%~5.4%，大型品种为5.5%~6.0%。

（2）断乳重。这是肉牛生产的重要指标之一。不仅反映母牛的泌乳性能、母性强弱，同时在某种程度上决定犊牛的增重速度。由于犊牛断乳时间不一致，断乳前的增重速度受母牛年龄和犊牛性别的影响，因此，在比较犊牛断乳重时必须进行校正。其公式为：

校正断乳体重=［（断乳重-初生重）/实际断乳日龄×校正的断乳日数+初生重］×母牛产犊年龄系数

母牛年龄校正，可用母牛产犊年龄系数乘以犊牛的断乳重。母牛产犊年龄系数2岁为1.15，3岁为1.1，4岁为1.05，5~10岁为1.0，11岁以上为1.05。

例如，选用205天校正断乳体重，初生重40千克，断乳重216千克，实际断乳天数201天，母牛年龄为3岁。

校正断乳体重=［（216-40）/201×205+40］×1.1=241.5（千克）

（3）断乳后增重。肉用牛从断乳到性成熟，体重增加很快，是提高产肉性能的关键时期，要抓住这个时期提早肥育出栏。为了比较断乳后的增重情况，通常采用校正的1岁（365天）体重。计算公式：

校正的365天体重=（实际最后体重-实际断乳体重）/饲养天数×（365-校正断乳天数）+校正断乳重

如果18月龄（1.5岁）肥育出栏，可以比较550天的增重性能。

校正的550天体重=（实际最后体重-实际断乳体重）/饲养天数×（550-校正断乳天数）+校正断乳重

（4）日增重。是衡量增重和肥育速度的指标。肉用牛在充分饲养条件下，日增重与品种、年龄关系密切，8月龄以前日增重较高，1岁后日增重就下降。因此，肥育出栏年龄宜在12岁。日增重在性别上有差异，公牛比阉牛长得快，而阉牛又比青年母牛长得快。计算日增重和肥育速度须定期测定各阶段的体重。其计算公式：

日增重＝（期末重－期初重）/期初至期末的饲养天数

例如，一头肥育牛，开始育肥时体重为300千克，期末体重为450千克，饲养期为140天，计算这个阶段的日增重。

日增重＝（450－300）/140＝1.07（千克/天）

（二）胴体性状

胴体性状主要包括胴体质量、胴体形态和肉质性状。

（1）宰前重。宰前绝食24小时后的活重。

（2）宰后重。屠宰放血以后的体重。

（3）胴体重。放血后除去头、尾、皮、蹄（肢下部分）和内脏所余体躯部分的质量。在国外，胴体重不包括肾及肾周脂肪重。

（4）屠宰率。屠宰率＝胴体重/宰前重。肉用牛的屠宰率为58%～65%，兼用牛为53%～54%；产肉指数（即肉骨比）肉用牛为5.0，兼用牛为4.1。肉骨比随胴体重的增加而提高，胴体重185～245千克时肉骨比为4∶1，310～360千克时为5.2∶1。

（5）净肉率。净肉率（%）＝净肉重/活重×100。净肉率因牛的品种、年龄、膘度和骨骼粗细不同而异，良种肉牛在较好的饲养条件下，肥育后净肉率在45%以上。早熟种、幼龄牛、肥度大和骨骼较细者净肉率高。

（6）眼肌面积。眼肌面积是指倒数第一和第二肋骨间，脊椎背最长肌（眼肌）的横切面积。这是评定肉牛生产潜力和瘦肉率大小的重要技术指标之一。

眼肌面积的测定方法是，在第12肋骨后缘处将脊椎锯开，然后用利刃切开第12至第13肋骨间，在第12肋骨后缘用硫酸纸将眼肌面积描出，用求积仪或方格透明卡片（每格 1 厘米）计算出眼肌面积，用平方厘米（cm²）表示。

秦川牛 18 月龄眼肌面积平均为（97.02±20.29）平方厘米，公牛高达 106.53 平方厘米。秦川牛胴体产肉率达 86.34%。

（三）饲料利用率

饲料利用率与增重速度之间存在着正相关，是衡量牛对饲料的利用情况及经济效益的重要指标。根据总增重、净肉重及饲养期内的饲料消耗量，用干物质或饲料单位或能量表示。其计算公式：

增重 1 千克体重需饲料干物质（千克）或能量（兆焦）或饲料单位数＝饲养期内共消耗饲料干物质（千克）或能量（兆焦）或饲料单位数/饲养期内净增重（千克）

生产 1 千克肉需饲料干物质（千克）或能量（兆焦）或饲料单位＝饲养期内共消耗饲料干物质（千克）或能量（兆焦）或饲料单位/屠宰后的净肉重（千克）

第三节　杂交优势利用

一、肉牛杂交体系建设原则

中国农业科学院畜牧研究所（现为中国农业科学院北京畜牧兽医研究所）陈幼春研究员提出了肉牛杂交生产中母系和父系的基本要求，即配套系的母系必须有终身稳定的高受孕力；以每头母牛计算的低饲养成本和低土地占用成本，一般要求体型较小的个体；性成熟早而不易难产；良好的泌乳性能；适应粗放和不良的条件；体质结实，长寿；高饲料转化率；鲜嫩的肉质；较好的屠宰性状等九项。配套系的父系必须具有：快速的生长能力；改进眼肌面积的高强度优势；高屠宰率和高瘦肉率；硕大的体型；体早熟五项。以上是两系配套时的基本要求，在多系配套时也是基本要求。

他同时提出，中国的肉牛杂交体系应该是：在引入品种改良本地黄牛的基础上继续组织杂交优势；用对配套系母系的要求选择具备有理想母性的母牛，用对配套系父系的要求选择具有理想长势和胴体特征的公牛，利用其互补性，保持杂交优势的持续利用；组装或结合 2 个或 2 个以上品种的优势开展肉牛配套系生产，在可能的情况下形成新的地方类群。在级进杂交有困难的地方，组织这种配套系，比较适宜。

实践证明，二元杂交所产生的母牛，可以继续产犊，杂种母牛本身具有杂种优势，应当很好的利用。杂种公牛中也往往有很好的优秀个体，过去是仅仅用于育肥并宰杀，在北美都已开始杂种公牛作种用的先例，渐渐地提出"综合杂交"和"合成系"的用法。杂交母牛比原来的亲本母牛搞"带犊繁殖体系"可能不差，未必要像终端杂交那样都屠宰，因而形成肉牛业所特有的杂交繁育体系。近年来，随着皮埃蒙特牛品种的引进，加上以往引入的西门塔尔牛、利木赞牛、夏洛莱牛等，我国肉牛杂交生产体系日趋完善。

二、商品肉牛杂交生产的主要方式

（一）经济杂交

经济杂交是以生产性能较低的母牛与引入品种的公牛进行杂交，其杂种一代公牛全部直接用来育肥而不作种用。其目的是为了利用杂交一代的杂种优势。如夏洛莱牛、利木赞牛、西门塔尔牛等与本地牛杂交后代的育肥。

试验表明，杂交牛较我国黄牛的体重、后躯发育、净肉率、眼肌面积等均有不同程度的改良作用。据报道，夏洛莱牛与蒙古牛、延边牛、辽宁复州牛及山西太行山区中原牛的杂交一代，12 月龄体重分别比本地同龄牛提高 77.6%、19.9%，27.1% 和 81.4%，体现出明显的杂交优势。

（二）轮回杂交

轮回杂交是用两个或两个以上品种的公母牛之间不断地轮

流杂交，使逐代都能保持一定的杂种优势。杂种后代的公牛全部用于生产，母牛用另一品种的公牛杂交繁殖。两品种轮回杂交如图 2-10 所示。试验结果．两品种和三品种轮回杂交可分别使犊牛活重平均增加 15% 和 19%。

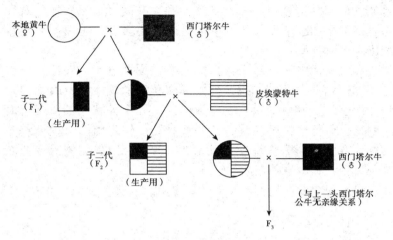

图 2-10　两品种轮回杂交示意图

（三）"终端"公牛杂交

"终端"公牛杂交用于肉牛生产，涉及 3 个品种。即用 B 品种的公牛与 A 品种的母牛配种，所生杂一代母牛（BA）再用 C 品种公牛配种，所生杂二代（ABC）无论雌雄全部育肥出售。这种停止于第 3 个品种公牛的杂交就称为"终端牛杂交体系"。这种杂交体系能使各品种的优点相互补充而获得较高的生产性能。

第四节　繁殖生理

准确的发情鉴定可进行适时输精，提高受胎率。

一、外部观察法

生产中最常用的方法。主要根据母牛的发情征状（爬跨行为）来判断。正常情况下，发情牛的征状明显，通过此法容易判断，但因其持续时间短，且又大都在夜间发情，故加强对即将发情的牛和刚结束发情的牛的判断极为重要，可以有效防止漏配和及时补配。

即将发情牛的判断主要根据其发情周期进行。发情到来之前，加强对牛的精神状态、外阴部变化等的观察，及时观察发情。而刚结束发情的牛，主要根据以下几个征状判断：爬跨痕迹明显，后臀部被毛凌乱，有唾液黏结；外阴周围有发情黏液黏结，有血丝；早晨起来，刚发过情的牛会因夜间爬跨疲劳而躺卧休息，其他牛则在活动。

目视观察发情是不可代替的最实用的方法。

二、直肠检查法

最准确的方法。对于异常发情及产后 50 天内未见发情的牛只，应及时实施生殖系统普查，尽早克服繁殖系统隐患。

操作方法：将湿润或涂有肥皂的手臂伸进直肠，排出宿粪后，手指并拢，手心向下，轻轻下压并左右抚摸，在骨盆底上方摸到坚硬的子宫颈，然后沿子宫颈向前移动，便可摸到子宫体、子宫角间沟和子宫角。再向前伸至角间沟分叉处，将手移动到一侧子宫角处，手指向前并向下，在子宫角弯曲处即可摸到卵巢。此时，可用手指肚细致轻稳地触摸卵巢卵泡发育情况，如卵巢大小、形状、卵泡波动及紧张程度、弹性和泡壁厚薄，卵泡是否破裂，有无黄体等。触摸完一侧后，按同样的手法移至另一侧卵巢上检查。

检查卵巢时有下列两种情况。

正常：母牛发情时卵巢正常的一般是两侧一大一小。育成母牛的卵巢，大的如拇指大，小的如食指大；成年母牛的卵巢，大的如鸽卵大，小的如拇指大。一般卵巢为右大左小，多数在右侧卵巢的滤泡发育，如黄豆粒或芸豆粒大而突出于卵巢表面，发情盛期触之有波动感；发情末期滤泡增大到 1 厘米以上，泡壁变薄，有触之即破之感。

不正常：母牛发情时卵巢不正常有两种情况。一是两侧卵巢一般大，或接近一般大。育成母牛，两侧卵巢都不大，质地正常、扁平，无滤泡和黄体，属卵巢机能不全症。在成年母牛，两侧卵巢均较大，质地正常，表现光滑，无滤泡，有时一侧有黄体残迹，是患有子宫内膜炎的症状。这种牛虽有发情表现，但不排卵。二是两侧卵巢虽然一大一小，而大侧卵巢如鸡卵或更大，质地变软，表面光滑，无滤泡和黄体，是卵巢囊肿的症状。总之，在母牛发情时，其卵巢体积大如鸡卵或缩小变硬的都是病态。

检查子宫时也有两种情况。

正常：发情正常者，育成母牛的子宫如拇指粗或稍粗，对称，触之有收缩反应，松弛时柔软，壁薄如空肠样。成年母牛子宫角如 1 号电池或电筒粗，有时一侧稍粗，触之有收缩反应，松弛时柔软，有空心双层感。

不正常：母牛发情时，子宫角不正常有 3 种状态。第 1 种，子宫角呈肥大状态，检查时发现两子宫角像小儿臂似的，两条又粗、又长、又圆的子宫角对称地摆着。触摸时，呈饱满、肥厚、圆柱样，收缩反应微弱或消失，通俗说法有肉乎乎的感觉。第 2 种，子宫角呈圆形较硬状态，触摸发现两角如 1 号电池或电筒粗，无收缩反应，如灌肠样，有硬邦邦的感觉。第 3 种，子宫角呈实心圆柱状态，触摸时发现两角如 1 号电池粗或稍细，收缩反应微弱，弛缓后也呈实心圆柱状，有细长棒硬的感觉。

以上 3 种状态的子宫角，都是各种慢性子宫内膜炎的不同阶段的不同病理状态，必须进行治疗，否则将影响母牛妊娠。

牛的发情鉴定方法还有阴道检查法、试情法以及借助发情鉴定仪进行发情鉴定等。

第五节　人工授精

　　肉牛人工授精优点较多，不但能高度发挥优良种公牛的利用率，节约大量购买种公牛的投资，减少饲养管理费用，提高养牛效益，还能克服个别母牛生殖器官异常而本交无法受孕的缺点，防止母牛生殖器官疾病和接触性传染病的传播，有利于选种选配，更有利于优良品种的推广，迅速改变养牛业低产的面貌。

一、配种母牛的保定

　　人工授精操作的第一步是保定配种母牛。

（一）牛的简易保定法

　　（1）徒手保定法。用一手抓住牛角，拉提鼻绳、鼻环或用一手的拇指与食指、中指捏住牛的鼻中隔加以固定（图2-11）。

图2-11　牛的简易保定法

　　（2）牛鼻钳保定法。将牛鼻钳的两钳嘴抵入两鼻孔，并迅速夹紧鼻中隔，用一手或双手握持，也可用绳系紧钳柄固定。

　　对牛的两后肢，通常可用绳在飞节上方绑在一起。

（二）肢蹄的保定

（1）两后肢保定。输精前，为了防止牛的骚动和不安，将两后肢固定。方法是选择柔软的线绳在跗关节上方做"8"形缠绕（图2-12）或用绳套固定（图2-13），此法广泛应用于挤奶和临床检查和治疗。

图2-12 "8"形缠绕

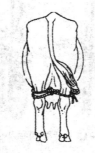

图2-13 绳套固定

（2）牛前肢的提举和固定。将牛牵到柱栏内，用绳在牛系部固定，绳的另一端自前柱由外向内绕过保定架的横梁，向前下兜住牛的掌部，收紧绳索。把前肢拉到前柱的外侧，再将绳的游离端绕过牛的掌部，与立柱一起缠两圈，则被提起的前肢牢固地固定于前柱上（图2-14）。

（3）后肢的提举和固定。将牛牵入柱栏内，绳的一端绑在

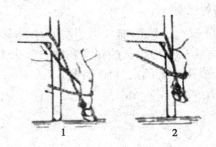

图2-14 前肢提举和固定

牛的后肢系部，绳的游离端从后肢的外侧面，由外向内绕过横梁，再从后柱外侧兜住后肢蹄部，用力收紧绳索，使蹄背侧面靠近后柱，在蹄部与后柱多缠几圈，把后肢固定在后柱上（图2-15）。

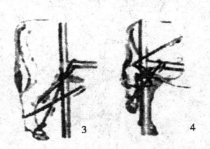

图2-15 后肢提举和固定

待母牛保定好以后，即可开始输精。

二、冻精的解冻技术和解冻方法

（1）解冻液的配制。目前使用的解冻液多为2.9%的柠檬酸钠溶液，大部分人工授精站都是统一从各省、市育种站购买，也有少部分地区自制。不论是购买或自己配制，都必须严格生产过程中的操作规程，统一配方并设定准确有关参数（pH值、渗透压）。现将配方及配制方法介绍如下。

　　准确称取柠檬酸钠 2.9 克，放入玻璃量筒内加蒸馏水至 100 毫升刻度，混合均匀，测定 pH 值为 7.33，渗透压 290.3，经定量滤纸过滤，分装于安瓿内。每只安瓿内净容量为 1.5 毫升，用酒精灯火焰封口，置于高压消毒锅内消毒灭菌（蒸气 1.06~1.4 千克/平方厘米，时间 20~40 分钟，蒸气温度 121~126℃），保存在阴凉干燥处待用，有效期为 6 个月。安瓿解冻液的优点是便于保管、卫生，能减少外界环境污染，取用方便。据了解，有的单位使用的解冻液是自行配制后盛装于三角烧瓶中保存备用，这种方法保存的时间短，接触外界污染机会多，取用不便，且质量难以保证。建议各地使用安瓿法解冻液，以保证冻精解冻后的质量。

　　（2）解冻温度。冷冻精液的解冻温度分为快速解冻（40℃）、室温解冻（15~20℃）、冷水（4~5℃）缓慢解冻 3 种方法。目前世界上大部分地区都采用 35~40℃解冻，实践证明，采用 40℃快速解冻精子复苏率较高，且活力较强。

　　（3）解冻技术。操作解冻过程中必须严格各个环节的操作过程，注意以下事项：冻精离开液氮面与放入解冻液中时一定要快取快放，尽量缩短空间停留时间；颗粒冻精上不得粘附冻霜，如有应稍加振动，使其脱落后再行解冻；解冻过程的各个环节，必须严格控制环境污染；夹取颗粒冻精的金属镊子要经预冷后再夹取冻精，以防止颗粒冻精黏附在镊子上难以脱落。

　　解冻具体操作步骤：首先将恒温容器（电热恒温水浴锅或广口保温杯）内的水温调至（40±2）℃，将装有解冻液的安瓿放入温水内，等其温度与恒温水相等时，即将安瓿拿出，用消毒纱布抹去安瓿周围的水分，再用安瓿开口器或金属镊子将安瓿尖端开口，口径大小以能放入一颗冻精为宜。然后夹取一颗冻精放入安瓿，在温水中轻缓游动，使安瓿内的颗粒冻精温度均匀上升，游动安瓿时必须特别小心，绝对不能将恒温水振入安瓿内，观察颗粒融解至 80%~90%时，即可将其拿出水面，再次用消毒纱布擦去安瓿周围的水分，并略加摇动，使精液完全融解，混合均匀。在 20℃ 左右温度的显微镜下检查精子活力情况，如有效精子（呈直线前进运动的精子）的活力在 0.3 级以上，即可用于输精。

值得注意的是：每支解冻液限解冻一粒冻精，如超过一粒时，应分别解冻，绝对不能同一支解冻液中同时放入两粒冻精。镜检精子质量时，玻片上的精液要厚薄均匀，观察精子活力时，不能根据一开始看到的精子的运动情况而判定精子的活力等级，因为往往初看时活动的精子不多，但经过一段时间后，又有一部分精子会复苏而活动起来，其原因是精子的复苏需要一定的时间。镜检时要多看几个视野，并调节上下焦距，因为盖玻片或载玻片之间有一定的厚度，死精子往往漂浮在上层，如果只看上层，死精子就多，而只看到中层，判定活力等级时就会偏高。因此要综合平衡各个视野，防止误判，取得较为准确的活力等级。

三、输精

在选择对母牛进行配种的场所时，需注意以下几方面。
（1）确保动物和配种员的安全。
（2）操作方便。
（3）准备应对天气变化的遮盖物。
无论操作者是左利手还是右利手，都推荐使用左手进入直肠把握生殖道，用右手操作输精枪。这是因为母牛的瘤胃位于腹腔的左侧，将生殖道轻微地推向了右侧。所以会发觉用左手要比右手更容易找到和把握生殖道。

在靠近牛准备人工授精的时候，操作者轻轻拍打牛的臀部或温和地呼唤牛，将有助于避免牛受惊。先将输精手套套在左手，并用润滑液润滑，然后用右手举起牛尾，左手缓缓按摩外阴门。将牛尾放于左手外侧，避免在输精过程中影响操作。并拢左手手指形成锥形，缓缓进入直肠，直至手腕位置。

用纸巾擦去阴门外的粪便。在擦的过程中不要太用力，以免将粪便带入生殖道。左手握拳，在阴门上方垂直向下压。这样可将阴门打开，输精枪头在进入阴道时不与外阴门壁接触，避免污染。斜向上 30°角插入输精枪，避免枪头进入位于阴道下方的输尿管口和膀胱内。当输精枪进入阴道 15～20 厘米，将枪的后端适当抬起，然后向前推至子宫颈外口。当枪头到达子宫颈时，操作者能感觉到一种截然不同的软组织顶住输精枪。

若想获得高的繁殖率，在人工授精时要牢记以下要点。

（1）动作温和，不要过于用力。

（2）输精过程可分为两步，先将输精枪送到子宫颈口，再将子宫颈套在输精枪上。

（3）通过子宫颈后将精液注释在子宫体内。

（4）操作过程中不要着急。

（5）放松。

第六节　妊娠与分娩

一、妊娠

配种受胎后的母牛即进入妊娠状态。妊娠是母牛的一种特殊性生理状态，从受精卵开始，到胎儿分娩的生理过程称为妊娠期。母牛的妊娠期为 240～311 天，平均 283 天。妊娠期因品种、个体、年龄、季节及饲养管理水平不同而有差异。早熟品种比晚熟品种短；乳用牛短于肉用牛，黄牛短于水牛；怀母牛犊比公牛犊约少 1 天，育成母牛比成年母牛约短 1 天，怀双胎比单胎少 3～7 天，夏季分娩比冬春少 3 天，饲养管理好的多 1～2 天。在生产中，为了把握母牛是否受胎，通常采用直肠诊断和 B 超检查的方法。

（一）直肠诊断

直肠检查法是判断母牛是否妊娠最普遍、最准确的方法。在妊娠两个月左右可正确判断，技术熟练者在一个月左右即可判断。但由于胚泡的附植在受精后 60（45~75）天，2 个月以前检查的实际意义不大，还可能有诱发流产的副作用。

直肠检查的主要依据是子宫颈质地、位置；子宫角收缩反应、形状、对称与否、位置及子宫中动脉变化等，这些变化随妊娠进程有所侧重，但只要其中一个症状能明显地表示妊娠，则不必触诊其他部位。

直肠检查要突出轻、快、准三大原则。其准备过程与人工授精过程相似，检查过程是先摸子宫角，最后是子宫中动脉。

妊娠 30 天，子宫颈紧缩，两侧子宫角不对称，孕侧子宫角稍增粗、松软，稍有波动感，触摸时反应迟钝，不收缩或收缩微弱，空角较硬而有弹性，收缩反应明显。排卵侧卵巢体积增大，表面有黄体突出。

妊娠 60 天，孕角比空角增粗 1~2 倍，孕角波动感明显，角间沟已明显。

妊娠 90 天，子宫颈前移至耻骨前缘，子宫开始沉入腹腔，孕角大如婴儿头，有时可摸到胎儿，在胎膜上可摸到蚕豆大的胎盘；孕角子宫颈动脉根部开始有微弱的震动，角间沟已摸不清楚。

妊娠 120 天，子宫颈越过耻骨前缘，子宫全部沉入腹腔。只能摸到子宫的背侧及该处的子叶，子宫中动脉的脉搏可明显感到。

随妊娠期的延长，妊娠征兆愈来愈明显。

（二）B 超诊断

1. B 超的选择

选择兽用 B 超仪，探头的规格和专业的兽医测量软件非常重要。

便携，如果仪器笨重，且要接电源，不方便临床操作。分辨力最重要，如果操作者看不清图像，会影响诊断结果。

2. B 超的应用

应用 B 超进行母牛妊娠诊断，要把握正确位置，B 超探头

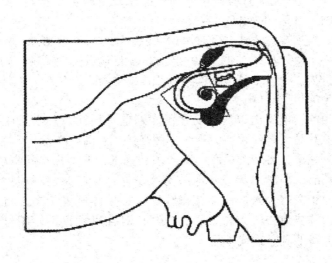

图 2-16　B 超探头在牛直肠中的位置

在牛直肠中的位置见图 2-16。与直肠检查相比，B 超检查确诊受孕时间短、直观、效果好。一般在配种 24 ~ 35 天 B 超检查可检测到胎儿并能够确诊怀孕，而直肠检查一般在母牛怀孕 50 ~ 60 天才可确诊；B 超检查在配种 55 ~ 77 天可检测到胎儿性别。B 超确诊怀孕图像直观、真实可靠，而直肠检查存在一些不确定或未知因素。B 超检查在配种 35 天后确诊没有怀孕，则在第 35 天对母牛进行技术处理，较直肠检查 60 天后方能处理明显缩短了被延误的时间。在生产中，除使用 B 超检查诊断母牛受孕与否外，还可应用在卵巢检查和繁殖疾病监测等方面。

二、分娩

妊娠后，为了做好生产安排和分娩前的准备工作，必须精确算出母牛的预产期。预产期推算以妊娠期为基础。母牛妊娠期 240~311 天，平均 280 天，有报道说我国黄牛平均 285 天。一般肉牛妊娠期为 282~283 天。

妊娠期计算方法是配种月份加 9 或减 3，日数加 6，超过 30上进一个月。如某牛于 2000 年 2 月 26 日最后一次输精，则其预产月份为 2+9＝11 月，预产日为 26+6＝32 日，上进一个月，则为当年 12 月 2 日预产。

预产期推算出以后，要在预产期前一周注意观察母牛的表现，尤其是对产前预兆的观测，做好接产和助产准备。

分娩前，将所需接产、助产用品，难产时所需产科器械等，消毒药品、润滑剂和急救药品都准备好；预产期前一周把母牛转入专用产房，入产房前，将临产母牛牛体刷拭干净并将产房消毒、铺垫清洁而干燥柔软的干草；对乳房发育不好的母牛应及早准备哺乳品或代乳品。

第三章　营养需要和日粮配合

第一节　消化生理

一、牛的采食特点

（一）牛口腔的特点

1. 嘴唇

牛的嘴唇又肥又厚，嘴又很浅，嘴难以张大，不灵活。

2. 门齿

牛并不像骡子和马一样具有上门齿，而是由一种角质化的硬组织来代替，所以牛截断草的能力较差。

3. 舌头

牛的舌头肌肉十分发达，虽然有力，但不是很灵活。舌头在牛吃草的时候起到把食物卷到嘴里的作用。由于舌头表面长有小刺，上颚部有角质化的硬皮突起，所以入口的食物一般不容易吐出口外。

（二）牛的采食特点

1. 粗糙性

鉴于牛嘴的简单结构，牛采食十分粗糙，吃到嘴里的食物并不认真咀嚼就下咽到胃里。如果吃入的食物中含有金属块、钉子、碎玻璃等物质，就会导致心包炎和创伤性网胃炎；把太大的块根和块茎咽下，就容易导致食道梗阻；把食物袋和塑料薄膜咽下，就容易导致瘤胃堵塞、网瓣胃梗阻等疾病，严重的可能致死。鉴于牛采食的这一特点，我们在饲喂的时候就要及时清除食物中的有害异物，防止各种消化道疾病的发生。

2. 多次性

牛的采食具有多次性的特点，一般日均采食 10 次以上，采食的总时长约为 6 小时。牛的采食高峰分别是日出前不久、上午中段时间、下午早期以及接近黄昏的时候。如果要定时饲喂，要保证日均采食时间略长于 6 小时，但是不宜太长。

3. 厌食性

牛的鼻唇镜十分发达，健康牛会不断地分泌黏液，尤其是采食的时候分泌增多。如果饲草上黏液含量太高，牛就会产生厌食性，影响饲喂质量，所以牛的草料要少添加，从而减少草料的浪费。

二、特殊的消化生理

肉牛属于反刍家畜，具有和单胃家畜不同的消化特点。牛有 4 个胃，胃的容积和机能随着年龄的增长而发生变化。初生牛犊的前两个胃只有皱胃的一般大小，而且结构并不完备，微生物区系没有建立，瘤胃黏膜乳头短小而柔软。这时的犊牛主要靠真胃进行消化，瘤胃并不具有消化作用。同时，由于幼龄牛犊的小肠中缺少淀粉酶，采食淀粉数量太多时容易导致腹泻。牛犊不再吃奶，自己采食固体饲料的同时，其网胃和瘤胃也开始迅速发育，导致真胃的容积缩小。犊牛 3 月龄的时候，瘤胃的容积已经达到出生时的 10 倍，而且建立了比较完善的微生物区系，瘤胃黏膜乳头也变硬，增多。3~6 月龄的犊牛已经可以很好地消化植物性饲料了。

瘤胃微生物的存在是反刍动物与单胃动物营养消化的一个不同之处。肉牛的瘤胃微生物区系包含 60 多种纤毛原虫和细菌，每 1 毫升的瘤胃内容物中，就可以检出纤毛原虫约 100 万个，细菌约 100 亿个。其中二者的具体比例和构成受肉牛的饲喂草料成分、瘤胃环境的酸碱特性、微生物对瘤胃环境的适应能力等多种因素的影响。瘤胃微生物的存在可以辅助进行草料的消化、合成牛体生长发育所需的各种微生物、氨基酸以及蛋白质，对牛的快速生长发育具有十分重要的作用。

胃的胃液呈高度酸性，内含胃蛋白酶、凝乳酶、盐酸等物质。瘤胃中没有充分进行消化的 40% 的蛋白质和菌体蛋白都被转移到真胃中，在胃液的分解作用下转化为蛋白脒。进入皱胃的酸性食糜中富含低级脂肪酸，可以促进胃液的大量分泌。经过胃消化的食物进入小肠，通过胆汁、胰液等物质的化学消化和机械性消化作用，被分解成可以供牛生长发育吸收的物质和状态，最后被肠壁细胞吸收，送到肝脏，合成糖原或蛋白。

肉牛的特殊消化生理现象有以下几种。

（一）反刍

反刍又叫倒嚼或倒沫，是把已经进入到瘤胃的饲料返回到口腔中重新进行咀嚼的过程。每 1 口反刍的饲料，都会在咀嚼 1 分钟后再次咽下，这是牛的特点，也叫做倒沫或倒嚼，即已进入瘤胃的粗料由瘤胃返回到口腔重新咀嚼的过程。每 1 口倒沫的食团，咀嚼 1 分钟再咽下，食入的粗饲料比例越高，反刍时间越长。反刍不能直接提高消化率，但是饲料经过反复咀嚼后颗粒变小，才能通过瘤胃消化吸收。通常牛每天采食后半小时开始反刍，成年牛每昼夜反刍 6~10 次，青年牛每昼夜反刍 10~16 次，每次反刍持续 40~50 分钟。在牛的消化过程中反刍的作用极为重要。牛无上切齿，采食时间短，咀嚼粗糙，通过反刍可以缩小饲草的体积，并混有大量的唾液，使瘤胃保持相应的酸碱度，有利于瘤胃微生物发挥生理作用；通过反刍可排出一部分瘤胃内发酵产生的气体。

（二）嗳气

由于瘤胃中大量细菌和原虫的发酵作用，会产生挥发性脂肪酸和多种气体（CO_2、CH_4、N_2、H_2、NH_3 等），引起嗳气反射，瘤胃由后向前收缩，压迫气体移向瘤胃前庭，部分气体由食管进入口腔吐出，这一过程称为嗳气。牛一昼夜可产生的气体为600~1 300升，平均每小时嗳气17~20次。当牛采食大量带有露水的豆科牧草和富含淀粉的根茎类饲料时，瘤胃发酵作用急剧上升，所产生的气体来不及排出时，就会出现"鼓气"。若不及时机械放气或灌药，牛就会窒息死亡。

（三）食管沟反射

食管沟始于贲门，延伸至网瓣胃口，它是食道的延续。食管沟的唇状肌收缩时呈一中空闭合的管子，可使食团穿过瘤网胃而直接进入瓣胃。哺乳期犊牛吸吮乳汁时，引起食管沟闭合，称食管沟反射。这样可使乳汁直接进入瓣胃和皱胃内，可防止乳汁进入瘤、网胃而引起细菌发酵和消化道疾病。一般哺乳期结束的育成牛和成年牛，食管沟反射逐渐消失。

（四）唾液分泌

为适应消化粗饲料的需要，牛分泌大量富含缓冲盐类的腮腺唾液。一头成年牛一昼夜分泌唾液100~200升，唾液中氮含量为0.1%~0.2%（60%~80%是尿素氮）。唾液中的这些特殊成分，对于维持瘤胃内环境（中和过量酸）、浸泡粗饲料以及保持氮素循环起着重要的作用。

三、肉牛饲喂注意事项

根据肉牛的消化生理特点，肉牛饲喂时应注意以下几点。

（1）注意饲料卫生，不得有异物。饲料中不得混有铁钉、铁丝、塑料袋、泥土等异物，防止肉牛误食而发生肉牛瘤网胃创伤和前胃迟缓。

（2）注意饲料适当加工调制，提高饲料适口性。如粗长草等饲料应适当切短，较大的块根块茎类饲料应切碎，完整的籽实类饲料应压碎，将饲料加工为颗粒料、采用TMR日粮等。

（3）注意肉牛反刍行为，观察是否正常。

（4）注意维持牛的瘤胃健康。日粮中必须有一定数量的易消化的粗饲料，保障充足的粗纤维摄入，以维持瘤胃微生物的正常消化和健康。

（5）注意非蛋白氮饲料的合理使用，防止氨中毒。

（6）日粮要保持相对稳定。肉牛瘤胃微生物区系与其日粮类型是一一对应的，不要突然改变日粮类型。要改变时应有一个过渡期，过渡期一般需要 10~15 天，否则影响牛的正常消化。

第二节　营养需要

一、肉牛营养需要的种类与指标

肉牛的营养需要包括维持需要和生产需要。维持需要主要用于维持肉牛本身的生命活动，如基础代谢、自由活动、维持体温等；生产需要主要为肉牛生长、繁殖等的需要。肉牛摄取的营养首先满足维持需要，剩余的营养用于生产需要。

肉牛需要的营养物质包括碳水化合物、脂肪、蛋白质、矿物质、维生素、水六大营养素。其中，碳水化合物、脂肪、蛋白质是产热性营养素，可为肉牛提供能量。肉牛的营养需要种类有能量需要、蛋白质需要、矿物质需要、维生素需要、干物质需要、水的需要。

二、肉牛的饲养标准

目前，我国执行中华人民共和国农业行业标准《肉牛饲养标准》（NY/T 815—2004），主要包括生长育肥牛的营养需要、生长母牛的营养需要、妊娠母牛的营养需要、哺乳母牛的营养需要、哺乳母牛每千克 4% 标准乳中的营养含量、肉牛对矿物质元素的需要量、肉牛常用饲料成分与营养价值表。

肉牛饲养标准是绝大多数情况下期望获得较高养殖成效所必须参考的。按照肉牛饲养标准拟订日粮，可避免盲目性，防止日粮中营养不足或过多，保证肉牛获得全面平衡营养，保证取得肉牛育肥的良好增重和效益，防止造成直接经济损失和浪费。

第三节　常用饲料原料及主要营养成分

肉牛常用的饲料种类主要有粗饲料、青绿饲料、青贮饲料、糟渣类饲料、混合精料等。

一、粗饲料

包括干草、农作物秸秆及籽实类外皮壳和藤蔓等。干草包括豆科干草、禾本科干草和野生干草等。常见的秸秆类饲料有：谷草、稻草、麦秸、玉米秸、豆秸、地瓜蔓、花生蔓等。

（1）粗饲料的特点。体积大，粗纤维含量高，木质素含量高，消化率低。蛋白质含量差异大，豆科牧草粗蛋白含量高达20%以上，而秸秆只有3%~4%。

（2）使用方法。要选择豆科、禾本科等多种粗饲料搭配使用。秸秆饲料其营养价值比较低，不宜单一饲喂。在贮存时要注意防雨、防潮、防霉变，一旦霉变禁止使用。

二、青绿饲料

常见的青绿饲料种类有野生青草，如狗尾草、野苜蓿、野燕麦草等；有人工栽培的饲料作物，如青饲玉米、高粱、大麦、燕麦等；有人工牧草，如苜蓿、黑麦草、三叶草、羊草、沙打旺、紫云英、鲁梅克斯、串叶松香草等；有鲜嫩的藤蔓树叶枝叶，如桑叶、槐树叶、花生藤、甘薯蔓等；还有甘蓝、大白菜、青菜、萝卜叶、水花生、水葫芦、水浮萍等。

（1）青绿饲料的特点。水分含量高，一般可达60%~80%，大部分青绿饲料柔嫩多汁，纤维素少，具有良好的适口性和消化率，能增进肉牛食欲，促进消化液分泌。

（2）使用方法。由于青绿饲料含水分高，且具有轻泻性，所含干物质、能量相对较低，在肉牛快速育肥阶段，应与能量饲料等配合使用。苜蓿等豆科鲜草含有皂素，在瘤胃内产生泡沫，大量饲喂易使肉牛发生瘤胃臌胀。叶菜类饲料，如萝卜叶、白菜、青菜等含有硝酸盐，若堆放时间过长，饲料发黄、发热，硝酸盐就会变为亚硝酸盐，牛采食后会引起中毒，因此，用其喂牛时应保持新鲜。

三、青贮饲料

主要种类为玉米青贮，现在推广全株（带穗）玉米青贮。

（1）青贮饲料的特点。质地柔软，香酸适口，肉牛爱吃、易消化。能有效保存青绿饲料的营养成分，比制作干草能保存更多的植物养分，是解决肉牛等家畜常年均衡供应青饲料的重要措施。

（2）使用方法。青贮料含水量较高，喂量一般不超过日粮的 50%。饲喂时要注意将发霉变质的青贮料去掉，否则会引起肉牛消化机能紊乱，怀孕牛流产，严重时会导致肉牛霉菌毒素中毒。

四、糟渣类饲料

糟渣类饲料主要种类有粉渣、酒糟、甜菜渣、果汁渣、豆腐渣、酱油渣等。

（1）糟渣类饲料的特点。水分含量高，干物质中蛋白质含量为 25%~33%，B 族维生素丰富，特别是酒糟，是肉牛育肥的好饲料。

（2）使用方法。鲜糟渣类饲料极易腐败变质，产生大量有机酸、多种杂醇油及毒素等有毒物质，喂牛可导致中毒甚至死亡。因此，饲喂酒糟等一定要保证新鲜。日粮中一般不宜超过干物质总量的 30%，日用量一般不超过 10 千克。

五、混合精料

混合精料是能量饲料和蛋白质饲料的总称。能量饲料主要是谷实类及其加工副产品，主要包括玉米、小麦、大麦、高粱、燕麦、稻谷、小麦麸、大麦麸、稻糠、玉米皮等；蛋白质饲料主要有豆科籽实、饼粕类饲料、玉米蛋白粉、非蛋白氮饲料。饼粕类饲料主要包括大豆饼粕、棉籽饼粕、花生饼粕、菜籽饼粕，还有胡麻饼粕、芝麻饼粕、葵花籽饼粕等。非蛋白氮饲料一般是指通过化学合成的尿素、缩二脲、磷酸脲、糊化淀粉尿素、铵盐等。

（1）混合精料的特点。谷实类饲料是肉牛能量饲料的主要来源。无氮浸出物含量高，一般占干物质的60%~80%，其中主要是淀粉；粗纤维含量在10%以下，粗蛋白含量在10%左右，必需氨基酸含量不足，缺乏钙以及维生素A和维生素D。

饼粕类饲料蛋白质含量都比较高，品质一般比较好，残留有一定量的油脂，含脂量相对较高，而淀粉较少，能量价值一般也较高。

（2）使用方法。要注意各种能量饲料与饼粕饲料合理搭配使用。麸皮用量控制在精料比例的30%以内，防止肉牛腹泻；花生饼粕容易发霉，注意新鲜饲喂。

六、棉籽饼是肉牛的优质蛋白质饲料

棉籽饼是一种非竞争性饲料，在养殖业中只有肉牛能大量利用，在肥育肉牛日粮中无比例限制。试验证明，用棉籽饼饲喂肉牛生产的牛肉，棉酚含量远远低于卫生部规定（≤0.02%）的量，安全可靠，不会对人体有毒害作用。棉籽饼还具有一个其他饲料没有的优点，既具有蛋白质饲料的特性，又具有能量饲料的特性，还具有粗饲料（体积大）的特性。

七、我国禁止在反刍动物中使用动物源性饲料

动物源性饲料产品是指以动物或动物副产物为原料，经工业化加工、制作的单一饲料。疯牛病的发生和蔓延已给欧盟养牛业和经济带来重大损失，而且感染人，危害人体健康，引发社会动荡。该病的主要传播途径是使用了被疯牛病和绵羊痒病病原因子污染的肉骨粉等动物性饲料饲喂的反刍动物。为了彻底切断疯牛病的传播途径，防止疯牛病在我国境内发生，我国农业部下发了农牧发〔2001〕7号文件，规定自2001年3月1日起，禁止在反刍动物饲料中添加使用动物性饲料产品。

八、肉牛的饲料添加剂及其应用

（一）肉牛饲料添加剂的主要种类

主要包括非蛋白氮、瘤胃素、矿物质与微量元素、维生素、缓冲剂等，使用后可以提高饲料消化率、转化率。

1. 非蛋白氮

反刍动物的瘤胃内存在着大量微生物，这些微生物可以利用非蛋白氮形成菌体蛋白，最后菌体蛋白被反刍动物利用。

尿素是应用最广、最早的一种非蛋白氮饲料。近年来，已研制出许多安全型非蛋白氮饲料，大大降低了尿素在瘤胃中的分解速度，防止尿素中毒，如糊化淀粉尿素、异丁基二脲、磷酸脲、羟甲基尿素、包衣尿素、尿素砖盐等。

2. 瘤胃素

瘤胃素的有效成分为瘤胃素钠盐，是目前国内外广泛使用的肉牛饲料添加剂之一，无残留，无须停药期。它的作用机理是：通过减少瘤胃甲烷气体能量损失和饲料蛋白质降解及脱氨损失，控制和提高瘤胃发酵效率，发挥最高的饲料转化率。

添加方法：每头牛每天喂量为50~360毫克，常用量为100~200毫克，360毫克为最高剂量，全价日粮，每千克精料混

合料添加 40~60 毫克。

3. 矿物质与微量元素

矿物质是牛不可缺少的营养物质。它能影响机体代谢，刺激牛生长，同时又可改善牛的食欲，增强机体抗病能力。

牛日粮中常量矿物质如钙、磷、钠、钾、氯、硫、镁等通过日粮配合技术即可得到满足，而微量矿物质如铁、锌、锰、铜、钴、碘、硒等须通过添加剂补充。

育肥肉牛每千克日粮干物质中微量元素添加量为：硫酸铜32 毫克，硫酸亚铁 254 毫克，硫酸锌 135 毫克，硫酸锰 128 毫克，氯化钴 0.42 毫克，碘化钾 0.67 毫克，亚硒酸钠 0.46 毫克。

4. 维生素

成年肉牛须添加的维生素主要有维生素 A、维生素 D、维生素 E。但犊牛须添加全价维生素。

每千克肉牛日粮干物质维生素添加量为：维生素 A 添加剂（含 20 万国际单位/克）14 毫克，维生素以添加剂（含 1 万国际单位/克）28 毫克，维生素 E（含 20 万国际单位/克）0.38~3 克。

5. 缓冲剂

肉牛强度育肥期，往往供给大量精料，瘤胃中易形成过多的酸，影响体内酸碱平衡，影响牛的食欲，瘤胃微生物的活力也会被抑制，降低对饲料的消化利用率，严重的会导致瘤胃酸中毒。

常用的缓冲剂是碳酸氢钠和氧化镁。可单独添加，碳酸氢钠用量为占精料的 1%~2%，氧化镁为 0.3%~0.6%，也可同时添加。

随着我国饲料工业的快速发展，牛的饲料添加剂开发速度越来越快。沸石、膨润土、稀土等正得到广泛推广，不仅是矿物质、微量元素的添加剂，而且是其他微量元素良好的载体。其用量为混合料的 4%~6%，或占日粮的 1.5%~2.5%。另外，酶制剂、中草药配方增肉剂等也已在生产中发挥重要作用。

（二）肉牛饲料添加剂使用技术

1. 添加剂种类的选择

添加剂的种类可分为单项饲料添加剂、复合饲料添加剂两种。一般情况下，单项饲料添加剂可针对实际情况，如应激、疾病等而专门补充某种营养素，一方面可起到防治这种营养素的缺乏或不足的作用，还可起到增强动物免疫力、改善或提高产品的质量等作用；复合饲料添加剂能够满足肉牛对维生素、微量元素、食盐的需要以及对钙磷的部分需要，是肉牛获取维生素、矿物质微量元素的主要来源。

预混料的品种多，质量和价格各不相同，选择时应多方了解生产厂家、品牌与商标是否真实可靠，尽可能选择知名企业、正规厂家、有合法商标的品牌产品；要注意观察产品的生产日期、包装说明是否正规，不要单纯以价格而论；选择时应重点观察添加剂的品种、有效成分种类、含量是否达到相应标准，还可通过肉牛饲喂效果和其他品种的对比来判断其质量的优劣。

2. 添加剂的使用方法

一般复合添加剂只能用于配制浓缩料和全价料，但不能直接饲喂肉牛。

在肉牛生产中可根据实际情况判断肉牛是否缺乏某些营养素而进行单独添加补充。若发现肉牛存在钙、磷缺乏症，应注意选择含有钙、磷的磷酸氢钙等及时补充。由于用量小，使用时一定要逐级扩大混合，并混合均匀使用。

添加剂容易分级和吸潮，易受光、热以及空气的影响而被破坏分解，必须在干燥、阴凉通风、避光的环境中贮藏，开封后尽快使用，不宜长期保存，未用完的部分要封口保存。已经吸湿结块的添加剂不能再使用。维生素添加剂也可直接在饮水中使用，但要注意控制维生素的浓度和饮服量，防止出现维生素过量而中毒。

由于不同规格的饲料添加剂产品的有效成分和含量不同，使用不同产品时基础日粮的配方设计也就不同，因此在使用不同复合添加剂产品时，最好根据厂家推荐的日粮配方使用。

第四节　饲料加工

青贮饲料的加工制作按照以下步骤进行：收割→切碎→压实→密封。

一、收割

原料要适时收割，饲料生产中以获得最多营养物质为目的。

（1）玉米秸的采收。全株玉米秸青贮，一般在玉米籽实乳熟期采收。收果穗后的玉米秸，一般在玉米籽实蜡熟至70%完熟时，叶片尚未枯黄或玉米茎基部1~2片叶开始枯黄时立即采摘玉米棒，采摘玉米棒的当天，最迟翌日将玉米茎秆采收制作青贮。

（2）牧草的采收。豆科牧草一般在现蕾至开花始期刈割青贮；禾本科牧草一般在孕穗至刚抽穗时刈割青贮；甘薯藤和马铃薯茎叶等一般在收薯前1~2天或霜前收割青贮。幼嫩牧草或杂草收割后可晾晒3~4小时（南方）或1~2小时（北方）后青贮，或与玉米秸等混贮。

二、切碎

为了便于贮藏，原料须切碎。玉米秸、串叶松香草秸秆或菊苣的秸秆青贮前均必须切碎到长1~2厘米，青贮时才能压实。牧草和藤蔓柔软，易压实，切短至3~5厘米青贮，效果较好。

要控制原料水分含量，青贮原料的水分含量以60%~70%时青贮效果最佳。

[小贴士]

青贮饲料适宜含水量的判断方法

最简单的测定方法是用手抓一把碎的原料，手用力压挤后慢慢松开，此时注意手中原料团块的状态，若团块展开缓慢，手中见水而不滴水，说明原料中含水量适于青贮要求。

三、压实、密封

对切碎的原料要及时装填入窖（池），在给窖（池）内填入原料时要压紧踩实，特别注意边角，每填一层压紧一遍，直至将要超过窖（池）口 0.5 米时用薄膜封顶、密封；封顶后要随时查看其有无裂缝，以防空气、雨水等进入而损坏青贮料。发现裂缝时要及时修整。

[小贴士]

青贮饲料品质检查

青贮饲料的质量一般采用感官鉴定，即根据青贮饲料的色泽、气味、口味、质地、结构等指标，用感官（看看、捏捏、闻闻）评定品质好坏。判定标准见表3-1。

表3-1　青贮饲料感官鉴定标准

品质等级	颜色	气味	质地结构
优等	青绿或黄绿色，有光泽	芳香酒酸味浓，给人以舒适感	湿润、柔软，不黏手，茎、叶、花保持原状，容易分离
中等	黄褐或暗绿色	具有刺鼻酸味，芳香味淡	柔软，水分稍多，茎、叶、花能分清
低等	黑色或褐色	有刺鼻的腐败味，霉味，酸味很淡	腐烂、发黏、结块或过干。分不清结构

青贮饲料的质量，还可以通过酸度测定作出评判，即用 pH 值试纸或溴酚蓝和甲基红的混合指示剂测定 pH 值。pH 值为

3.8~4.2 的为优质青贮饲料，pH 值为 4.2~4.6 的较次，pH 值越高质量越差。若 pH 值>5 则为劣等。

第五节　日粮配合

一、肉牛日粮配合的原则

（一）营养平衡化

肉牛日粮拟订时要以饲养标准为基础，并根据实际情况作必要的调整，灵活运用。

（二）饲料种类多样化

饲料种类尽可能多样化，并且注意饲料适口性。与单一化肉牛日粮比较，多样化日粮可促进肉牛食欲，提高采食量。

（三）注意饲料原料的来源与价格

应选择价格低廉的饲料资源，特别是工农业生产加工后的副产品，如糟渣类饲料，以降低饲养成本；还应注意选择那些来源充足、容易获得的、数量大的饲料种类，以确保饲料种类的相对稳定，防止日粮组成经常变化而影响肉牛的消化机能。

（四）注意日粮的容积

应注意肉牛的体重体格大小、饲料容积大小等因素，保证拟订日粮的干物质采食量与肉牛的实际采食量的平衡，使肉牛既能吃得下，又能吃得饱。

二、肉牛日粮配合的方法

配合饲料的方法有很多种，可以采用手工方法，但计算非常烦琐，且成本不好比较和控制；可以应用专用电脑软件，但购买软件成本较高。

生产中可利用电脑 Excel 工具栏"规划求解"功能得到肉牛

最低成本饲料配方，方法简单、实用。该方法看起来好像也比较烦琐、复杂，但只是公式的输入过程而已，数据计算全部由计算机自己完成。初学者可"照葫芦画瓢"，待程序熟练后，不管选择什么原料还是多少种原料，都会轻松得到价格最理想的配方。

[小贴士]

什么是日粮、配合饲料、预混料、浓缩料、精料补充料？

肉牛日粮是指一头牛一昼夜所采食的各种饲料的总量，其中包括精料、粗料和青绿多汁饲料等。

配合饲料是指根据肉牛的营养需要和饲料的营养含量，按照一定的科学配方生产的、由多种单一饲料原料组成的均匀混合物。分为全价配合饲料和非全价配合饲料。非全价配合饲料不能单独饲喂使用。

精料混合料又称为精料补充料。它是指将肉牛常用的能量饲料和蛋白质饲料（如玉米、麸皮、饼粕类等）与矿物质饲料、维生素饲料等添加剂按照一定比例混合而成的饲料，它可单独饲喂肉牛，但它不能供给肉牛全部营养物质。肉牛日粮中还必须有一定比例的青绿多汁饲料和粗饲料。

浓缩料是指将蛋白质饲料、矿物质饲料、维生素饲料等添加剂按照一定比例混合而成的饲料。它必须与能量饲料按一定比例搭配而成混合精料后才能饲喂肉牛。

添加剂预混料又称预混合饲料或预混料，是指由一种或多种添加剂原料与载体或稀释剂搅拌均匀的混合物，主要是矿物质饲料、维生素饲料、各种非营养添加剂等按照一定比例混合而成的饲料。它必须与能量饲料、蛋白质饲料等按照一定比例混合之后而成为全价饲料或混合精料才能使用。

它们之间的关系如图3-1所示。

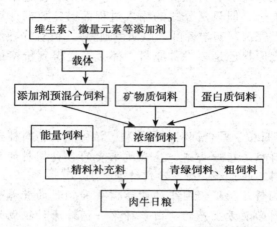

图 3-1 肉牛配合饲料生产流程

第六节 饲料原料选择与饲料保管

一、饲料原料选择

（一）玉米

玉米是禾本科谷物籽实类饲料中淀粉含量最高的饲料，其70%左右为无氮浸出物，几乎全是淀粉，粗纤维含量极低。用玉米饲喂肉牛容易消化，其有机物的消化率达到90%左右。但玉米的缺点是蛋白质含量低，而且主要由生物学价值较低的玉米蛋白和谷蛋白组成，其胡萝卜素含量较低。所以，用玉米饲喂肉牛时，最好应搭配豆饼等其他蛋白质含量较高的饲料，并适当地补充钙质。如给肉牛过量地饲喂玉米，则可能引起牛瘤胃酸中毒。

（二）大麦

大麦是重要的谷物籽实类饲料之一，全世界的总产量仅次于小麦、大米和玉米，而居于谷物籽实类饲料的第四位。大麦粒（脱壳）含水分 11%、粗蛋白 11%、粗脂肪 12%、粗纤维 6%、粗灰分 3%。大麦中的蛋白质含量高于玉米，且大部分氨基酸（除蛋氨酸、甲硫氨酸外）均高于玉米，但利用率比玉米低。由于大麦的外皮中含有一定量的单宁，因此具有酸涩味。大麦中的热能含量不及玉米，而且非淀粉多聚糖（NSP）总量达 16.7% 左右（其中水溶性多聚糖为 4.5% 左右），由于水溶性多聚糖具有黏性，可减缓牛消化道中消化酶及其底物的扩散速度，并阻止其相互作用，降低底物的消化率，同时也阻碍可消化养分接近小肠黏膜表面，影响其吸收。因此，大麦用作肉牛的饲料时，以不超过日粮总量的 20% 为宜，而且应与其他谷物籽实类饲料合理搭配使用。

（三）小麦

小麦的营养价值与玉米相似，全粒中粗蛋白含量为 14% 左右，最高可达到 16%，粗纤维含量为 1.9%，无氮浸出物含量为 67.6%。小麦中虽然也含有 11.4% 的多聚糖，水溶性多聚糖为 2.4%，但其黏度低于大麦。因此压扁的小麦可代替肉牛精饲料中 50% 以上的玉米。

（四）高粱

高粱亦属于禾本科类植物籽实，高粱和玉米间有很高的替代性，高粱籽实所含养分以淀粉为主，占 65.9% ~ 77.4%，蛋白质含量 8.4% ~ 14.5%，略高于玉米，粗脂肪含量较低，为 2.4% ~ 5.5%。与谷物籽实类饲料相比较，高粱的营养价值较低，其主要表现在蛋白质含量较低，赖氨酸含量一般只有 2.18% 左右。高粱因含有带苦味的单宁，使得蛋白质及其氨基酸的利用率受到了一定的影响，但不同高粱品种的单宁含量有明显的差异，一般白色杂交高粱的颖壳和籽实易于分离，单宁含量较低，其质量明显优于褐色高粱。褐色高粱的单宁含量高达 1.34% 左右，是白色杂交高粱的 23 倍左右，而且颖壳和籽实包得很紧，味苦，适口性差，饲喂肉牛后容易引起便秘，因此，褐色高粱很少用于饲喂肉牛。

（五）燕麦

燕麦的营养价值低于玉米，虽然燕麦中的蛋白质含量较高（9%~11%），且富含 B 族维生素，但其燕麦中的粗纤维含量高达 13%左右，能量含量较低，脂溶性维生素和矿物质含量也较少。因此，燕麦用作肉牛的饲料时，则以不超过日粮总量的20%为宜，而且应与其他谷物籽实类饲料合理搭配使用。

（六）麸皮

麸皮通常是指小麦麸。小麦麸的营养价值是随小麦出粉率的高低而变化的，平均含粗蛋白 15.7%、粗纤维 8.9%、粗脂肪3.9%、总磷 0.92%。麸皮质地疏松，容积大，具有轻泻作用，是母牛产前和产后的优良饲料。

（七）米糠

米糠通常是指大米糠。米糠中粗蛋白含量为 12.8%、粗脂肪 16.5%、粗纤维 5.7%，是一种蛋白质含量较高的能量饲料。但米糠中蛋白质品质较差，除赖氨酸外，其他必需氨基酸含量均较低。米糠中磷多钙少，且其植物磷占其总磷的 80%以上，米糠中不饱和脂肪酸含量较高，易于氧化变质，不易于长期贮存。

（八）玉米糠

玉米糠通常是指玉米皮，是玉米制粉过程中的副产品，主要包括玉米的外皮、胚、种脐和少量的胚乳。玉米糠中的粗蛋白含量为 9.9%、粗纤维 9.5%，磷多（0.48%）钙少（0.08%）。玉米糠质地蓬松，吸水性强，如肉牛干喂后饮水不足，则容易引起牛便秘，因此，用玉米糠饲喂肉牛时应加水湿拌。一般肉牛配合饲料中的推荐用量以 10%~15%为宜。

二、饲料保管

（一）精饲料的贮藏方法

能量饲料。肉牛常用的能量饲料主要有玉米、小麦等。在贮藏前要严格控制玉米的含水量，可通过晾晒等方法将含水量降低至13%以下才可以入库贮藏。在入库前还要去除杂质和灰尘。条件允许情况下要有专门的料库来贮藏饲料，保持料库适宜的温度、湿度，在入库前要将料库进行彻底的清理、消毒，并加强通风。在贮藏期间也要注意通风和密封，防止玉米发霉、发热。根据不同季节的气候特点来优化贮藏条件。如果在多雨的季节要关闭门窗，并在料库内放置一定量的生石灰，以起到吸潮的作用。做好防虫、防鼠的工作，可以使用药物来防治虫害，防治鼠害则可以使用鼠夹。

蛋白质饲料。主要指一些饼粕类的饲料，这类饲料的特点是营养丰富，质地疏松，易吸潮而发霉、变质，因此在贮藏时要控制好水分，将水分降低至13%以下后再入库密封贮藏，并且要与外界的环境隔绝，以抑制霉菌的生长。在入库贮藏时可将饲料离地面10~20厘米，或者在下面铺垫上10~20厘米厚的谷壳，防止因地面返潮而使饲料的底部发霉。在干燥的季节要注意及时的进行通风，多雨季节则要做好防霉、防潮的工作。

其他类精饲料，如矿物质饲料在贮藏时要注意封闭、避光、防潮，可以在贮藏时添加1%~3%的矿物质油或石蜡，以起到防潮防水的作用。对于一些易燃、有毒的矿物质，则要使用试剂瓶或塑料低密封后，贴上标签，放在专用的地方，进行妥善保存。对于预混料的贮藏要做到防潮、避光、密闭，按照品种堆放在干燥、清洁、通风良好的隔潮板上，并将贮藏环境的温度控制在28℃以下，湿度在75%以下。贮藏的时间不宜过长，一般在3个月以内。

（二）青干草的贮藏方法

散干草贮藏。含水量降至15%~18%后进行堆藏，贮藏的地点要求地势高燥。草垛的下层铺上约 30 厘米的树干、秸秆、砖块，在垛底周围挖排水沟。堆垛过程中要一层层堆高、压实，从垛高的 1/2 处开始逐渐放宽，各边宽于垛底 0.5 米，利于排水。

干草捆贮藏。一般采用露天堆垛，可在顶部加防护层或贮藏于草棚中。将青干草压成缩成长方形或圆形草捆，再一层层堆放贮藏。底层应铺平，为了使草捆稳固，上下层之间的接缝要相互错开。从第二层开始，每层要设置通风道，双数层纵向通风，单数层横向通风，通风道的数量要根据草捆的含水量而定。堆垛的大小要视贮藏地点来定，堆垛完成后可在顶部用草帘或遮雨物覆盖。

半干草贮藏。牧草适时收割后，短期晾晒，含水量在 35%~40% 时打捆，每捆加入 25% 的氨水，堆垛后用塑料薄膜覆盖密封。氨水用量为干草重量的 1%~3%，处理时间根据温度来定，一般在 25℃ 时至少需要 21 天。在贮藏过程中，为保证贮藏干草的品质和避免损失，应经常检查和管理，要注意防止垛顶塌陷和漏雨，造成损失，还要注意防止垛基受潮。

（三）青贮料的贮藏方法

青贮料制作完成后经过 40~60 天即可使用，青贮料要随取随用，取完料后要再次进行封闭贮藏，如此重复一直到青贮料用完。在此期间要注意安全贮藏，防止青贮料发生霉变。开窖或开池的时间应选择气温较低、青草缺乏的季节，开窖前应将封窖的盖土和其他覆盖物清除干净，防止混入青贮料。取料时要随取随用，取料量以当日喂完为准，以保持青贮料的新鲜。每次取料后应及时盖严覆盖物，防止二次发酵。如果中途停喂青贮料，时间间隔较长，必须按原来封窖方法将青贮窖或池盖好封严，做到不漏气、不漏水。在青贮料的整个贮藏期间，要经常检查、看护青贮设施的完好性，防止人畜践踏、破坏覆盖物，还要检查塑料薄膜是否被损坏，窖顶、边墙是否有裂缝，排水沟排水是否畅通，青贮料质量有无变化等。

（四）氨化秸秆的贮藏方法

氨化秸秆可贮藏长达 1～2 年。在贮藏过程中，必须经常检查，防止鼠害、践踏、风吹雨打、日晒等。秸秆氨化好后，就可开垛或取出饲用。开垛或开窖后应及时封闭盖好。如果是使用尿素或其他氨源处理，含水量大，则可将垛或窖上的塑料薄膜全部取掉，将全部秸秆晾晒，晾干后放入草棚或房舍内贮藏备用。在贮藏过程中要防止漏气跑氨和含水量过高，如果发现含水量过高，要开垛晾晒，干燥后再贮藏。

（五）块根块茎类饲料的贮藏方法

块根、块茎类饲料水分含量高，表皮较薄，在贮藏时易受损、糠心、发芽、受微生物侵害。适合贮藏块根、块茎类饲料的方法主要有埋藏法、层积贮藏法。埋藏法主要有沟埋法、窖藏法。贮藏时必须保持低温和适宜的湿度，一般温度 0～3℃，空气相对湿度 85%，并要注意通风，防止冻害。

（六）原料的保存方法

油料饼类饲料主要是由脂肪、蛋白质以及多种维生素组成的。这种物质没有自然保护层，特别容易发霉变质，不好储存。所以，这类饲料我们在保存的时候要更加注意。首先在码垛的时候，要选择平整的地方，并在地面上铺上一层油毡或厚厚的干沙（大约 20 厘米厚）。还有一点需要注意，大家都知道，油料饼类饲料在刚出厂的时候其水分含量是比较高的，一般高于5%，所以，在码垛的时候放一层油饼就要垫一层干稻草或高粱秸，这样既是为了防潮，同时又可以通风。

（七）预混料的保存方法

保存预混料的环境一定要保持干燥和低温。预混料的保存条件必须要低温干燥，研究表明，在保存温度大于 15℃ 的时候，饲料当中的不稳定营养物质就会开始失去活性，尤其是夏季高温，平均温度在 20℃ 以上，饲料的营养物质的损失可达 10%，甚至更多。由此可见，低温保存的重要性。干燥也很重要，在潮湿的环境中，饲料很容易受潮发霉，是的饲料变质，严重的直接就浪费掉了。

为了避免这种情况的发生，建议向饲料中添加适当的脱霉剂。因为饲料在潮湿环境中很容易受潮，并在各种细菌、霉菌等的作用下发生霉变，这样的饲料给动物喂养是有害的。所以，添加一定量的脱霉剂是非常有必要的。

（八）全价料的保存方法

（1）控制水分和湿度。配合饲料的水分都是有严格要求的，一般在 12% 以下。如果水分大于 12% 或空气中的湿度过高，会导致饲料发潮，进而发生霉变。如果水分在 10% 以下，那么任何微生物都将不能生长，使得饲料中的营养成分不能被动物充分吸收利用。所以配合饲料在保存时最好用双层袋，里面用不透气的塑料袋，外面用纺织袋。保存的地方也要保持通风条件好且干燥。如果有条件的话，可以用机械通风。

（2）防止虫害和鼠害。饲料保存的过程还需要防止虫害和鼠害，这些害虫会啃食饲料，污染饲料，破坏仓库的环境，传染疾病，对饲料的危害是非常大的。所以在保存饲料的时候，一定要先彻底的清理仓库，包括一些犄角旮旯、缝隙、墙角、死角、漏洞等，并进行熏蒸处理，以减少各种害虫的影响。

（3）温度。仓库内的温度也有一定的要求，要低温通风，最好仓库内要有防热的性能，防止日光透过仓库辐射进来，造成仓库内的温度过高。建议：可以在仓库顶层加刷隔热层；墙壁涂成白色，减少吸热效果；如果有条件，可在仓库周围种上树，以便遮挡阳光。

第四章　饲养管理

第一节　后备母牛饲养管理

后备母牛一般指 6 月龄的犊牛到生第一胎的育成牛。在犊牛阶段，合理的喂养是保证犊牛健康生长、降低经济成本的必要条件。育成牛正处于生长和发育最旺盛的时期，饲养中要注意合理配比饲料，适时进行配种，有利于提高母牛生产力，降低生产成本。

一、断奶到配种阶段的饲养管理

正常犊牛断奶有两种方式：一种是 110 天断奶，6 月龄体重达到 170 千克；另一种是 60 天断奶，6 月龄体重达 160~165 千克。如果在断奶前给后备母牛饲喂适当的固体饲料，那么生长期饲粮就能逐步改变，使母牛在 15 月龄时达到初情期。为了使后备母牛在 15 月龄达到初情期并进行配种，其平均日增重应当达到 0.77 千克/天，即体重较轻的后备母牛日增重期望值可小于 0.84 千克/天，而年龄偏大和体重较重的后备母牛日增重期望值应达到 0.77 千克/天。这项计划的目标是在达到最大生长的同时，脂肪沉积量最少，为了简化日粮配方，所有的推荐量都以风干重（89%~90% 干物质）为基础。

后备母牛或其他牛的日粮配方设计包括：建立一个示例日粮，保证饲料总采食量（DM）不超过后备母牛的采食能力（约为活体重的 2.7%），然后选择符合营养指标的各种当地可以获得的饲料原料。但要注意后备母牛生长日粮中的水分含量不能超过 50%，这包括限制日粮中青贮和青绿饲料的含量。在后备母牛的青绿牧草中添加干草也是较好的办法。

　　动物一旦达到配种的目标体重就要进行催情补饲。催情补饲可以增加营养物质摄入量，以确保后备母牛达到供其排卵和妊娠需要的第三阶段营养利用水平。催情补饲是指给那些年龄和体型足够大的母牛增加日粮营养物质浓度，进而提高所有营养物质的摄入量，从而达到催情的目的。但也有其他饲养管理形式可能用以提高早期妊娠率。在日粮中添加过瘤胃蛋白饲料就是一种。某些来源的蛋白质饲料不能被瘤胃微生物降解，而是在瘤胃后被水解，或被真胃和小肠中的蛋白水解酶所作用。配制较高水平可降解蛋白的日粮在后备母牛饲养企业中不容易做到，或者说这种日粮在实际生产中难以应用。只有在后备母牛首次配种阶段和初产前很短的时间内利用过瘤胃蛋白才是实用和经济的选择。在此期间，胎儿迅速生长，并且母牛需要为早期泌乳储备一定的营养物质，因为早期泌乳阶段对蛋白质的需求量增加。

　　在初次配种时，除了通过向后备母牛日粮中添加过瘤胃蛋白来改变饲粮外，以蛋白盐的形式添加部分微量元素也是一种实用的做法。这些物质通常是氨基酸和微量元素的复合体，蛋氨酸锌就是这样的一个例子。虽然尚未总结出有效数据，但包含蛋白盐在内，其至少作为部分微量元素添加于配种阶段的后备母牛日粮中，用于防止可能延迟配种的亚临床症状，而且蛋白盐最理想的用途是可以防止家畜应激。由于蛋白盐强化的微量元素产品容易获得，所以可以将其作为一种提高配种率的成分。

　　另一个有助于改善后备母牛生长发育的方法是使用离子载体。现在认为，有两种离子载体产品可在后备母牛日粮中添加，其分别是拉沙里霉素和莫能霉素。这两种产品都可添加于后备母牛日粮中，用以提高动物的增重速度，并作为动物生长速度的指示剂。离子载体不仅能减少由于产生甲烷导致的能量浪费，而且也能减少瘤胃中氨气的产生量，进而储存摄入的蛋白质。

使用离子载体的结果是使后备母牛能更有效地利用碳水化合物，节约更多的蛋白质用于生长。根据许多文献的记载，与未饲喂离子载体的肉牛相比，饲喂离子载体的肉牛平均增重率提高了8%。因此，如果后备母牛的初生体重为55千克，配种时体重约为360千克，那么添加离子载体的饲粮与未添加离子载体的日粮相比，动物的生长期可缩短1个月左右。

二、妊娠阶段的饲养管理

当后备母牛妊娠后检查正常时，其饲养管理就应进行改变。配种母牛的营养可分为两个阶段：从妊娠到预期产犊前60天和妊娠期最后60天。在第一阶段，日粮设计应考虑生长，并避免脂肪的沉积。显然，如果饲喂高能低蛋白日粮，那么配种母牛就易于在腹下沉积脂肪，这对未来的繁殖性能将有一定的影响。

高水分饲料（例如，牧草和青贮类）的消耗量可以通过假定后备母牛的采食能力为其体重3.0%的风干物来估计。为了估计一种干物质为31%的日粮采食量（牧草平均干物质含量），可将89（风干饲料的平均干物质含量89%）除以31得到因子2.87。只饲喂干物质含量为31%的日粮时，奶牛期望的干物质采食量是其体重3%的2.87倍。由于牛体的物理性状（体尺和体形）也是影响采食量的一个因素，上述方法只能作为一个粗略的估计。

在妊娠晚期，后备母牛日粮中精料类型应该与泌乳期的相似。从妊娠早期日粮过渡到产奶的包含谷物的混合日粮，应该经过几个时期逐步过渡，泌乳日粮的增加，应该以过渡期当中后备母牛的粪便稳定性和饲料接受程度为基础。

第二节 繁殖母牛饲养管理

一、繁殖母牛的饲养方式

繁殖母牛的任务是每年生育一头具有本品种特征的优良犊

牛作为扩大或维持生产的后备牛，多余的犊牛提供给育肥群。肉用繁殖母牛的饲养方式主要有两种，即放牧饲养和舍饲饲养。

（一）放牧饲养

（1）放牧饲养的优点。节约饲料、节省人力和相关饲养设备，总的饲养成本低，而且放牧行走有利于提高母牛和犊牛的体质，提升牛的免疫力。

（2）放牧饲养的缺点。由于践踏放牧地或草地，故对牧草的利用率较低，受外界环境影响大，还受体质和性情的影响，采食量有差别，在冬季因牧草干枯、气候寒冷，游牧行走使饲养效果降低，合理放牧能最大限度地降低这些不利因素的干扰。放牧饲养不易规模化、规范化管理。

（3）管理要点。牛群组成应按放牧地产草量、地形地势而定，一般以 50~200 头为宜，并应该考虑妊娠、哺乳、年龄等生理因素组织牛群，妊娠后期和哺乳的牛应放牧于牧草较好、距离牛舍较近的地方。每天放牧时间随牧草的质与量从 7 小时至全天。放牧地载畜量随着牧草产量而变化，在保证吃饱基础上控制牛采食行进的速度，以免把草践踏坏，也不应停留时间太长，否则造成放牧地采食过度。放牧母牛要补充食盐，但不能集中补，以 2~3 天补 1 次为好，一般每天每牛 20~40 克，最好在圈舍放置食盐和微量元素舔砖。

①春季放牧：春季开始放牧的 10 天左右要避免跑青和践踏放牧地，要等待牧草高于 10 厘米或禾本科牧草开始拔节时放牧。在人工草地或牧草丰盛的草地放牧时，通过控制放牧时间来控制采食量，或者补充干草等方法，逐渐增加放牧时间，以免发生消化系统紊乱、腹泻、膀胀、缺镁和缺磷等症状，还要注意阴坡草与阳坡草的差别。

②夏季放牧：夏季牧草生长得最茂盛，营养价值也最高，若能采食充分，各种不同生理阶段的牛都能从牧草中得到足够的营养。此时，应到远离村庄的地方放牧，来回行走超过 3 千米时，可以在放牧地靠近水源处建立临时牛圈，以便减少行走

所消耗的营养。牛怕热，喜欢凉爽，当气温超过 27℃ 时开始产生热应激，牛的采食和消化开始降低。如果白天气温超过 35℃，会严重影响牛的采食、消化和健康。因此，白天可在阴坡或林间放牧，以便牛休息和纳凉，并注意夜间放牧。夏季要充分利用远山、高山和阴坡放牧。

③秋季放牧：秋季气温逐渐降低，牧草的营养向种子转移，而牧草茎叶所含营养逐日下降。由于气候逐渐凉爽，牛的食欲增加，消化器官功能提高，要充分利用这个时期的特点，让牛充分采食，抓好秋膘，以利过冬。放牧地也应随天气变化逐渐从阴坡转向阳坡，并逐渐向村庄靠近。当年出生的 4 月龄以上的犊牛（视生长发育是否正常）陆续断奶，从母牛群中分出另组牛群，使其习惯独立生活，也利于补料。断奶时间不要拖到冬天，否则对犊牛和母牛的健康都不利。秋天正是农作物收获的季节，可利用鲜玉米秸、鲜高粱秸、甘蔗尾梢和叶等制作青贮饲料，注意收集秸秆和农副产品作为冬季饲草贮备。

④冬季放牧：除我国华南地区冬季气候温和尚宜放牧之外，北方冬季气温低而风大，牛在野外体热散失很多，而且野草已枯萎，营养价值低，牛单靠牧食难以满足所需的营养，因而很快减重。枯草期超过 60 天的北方地区，冬季最好不要放牧。冬季不得不放牧的缺草地区，不宜去风大的高山、陡坡和阴坡，应该在有草的向阳缓坡、平地和谷地等暖和的地方放牧。白天迟些出牧，早点收牧，晚间在牛圈补喂秸秆，并按不同生理、营养需要补喂精料。遇严寒、大风和下雪天应停牧舍饲。冬季补饲要注意补充含粗蛋白和维生素 A（或胡萝卜素）丰富的饲草料，可适当饲喂尿素代替蛋白质饲料，降低成本。

（4）放牧饲养应注意的问题。放牧地离牛圈最远不超过 3 千米，超过时应在放牧地配置临时牛圈。临时牛圈可充分利用自然条件，因地制宜修建，以实用、造价低为原则。应注意避开泾流、悬崖边、崖下、低洼地和雷击区，以免雷雨天发生意外。还要便于排水，以免圈内潮湿泥泞，影响牛只健康。冬、春季节的牛圈应在背风向阳处修建。为了减少牧草资源的浪费，可采取综合配套放牧技术，如采取分区轮回放牧和围栏条牧等方法。分区轮牧可使放牧地得到休养，给牧草的恢复生长提供机会，较均匀地提供牧草。对于质量较好的放牧地，采用围栏条牧。雨天放牧要避开陡坡、悬崖边和悬崖下，以免滑坡及坍塌的危险。出牧和回牧都不要驱赶过急，特别是归牧路上，速度控制在 1.1 米/秒，在险道上控制好爱顶架的牛（让其走在最前），让瘦弱牛、妊娠后期母牛和带犊牛走慢些，避免发生滚坡事件。春末夏初是牛发情较为集中的时期，牛群放牧地应与人工授精站或交通线靠近，以便及时给发情牛输精。采用本交繁殖的牛群，可按每 30 头母牛配备 1 头公牛的比例组群，繁殖季节过后应把公牛分开饲喂。放牧人员应随身携带雨具和少量常用药品等。春天开始放牧时还应带套管针、抑制瘤胃发泡发酵的药物等。

牧草质量较差或冬、春枯草季节，放牧吃不饱时，可采用舍饲办法或放牧加补饲的办法。缺少放牧地的平原农业区，牛群可采取舍饲办法。

（二）舍饲饲养

（1）舍饲饲养的优点。可提高饲草的利用率，不受外界气候和环境的影响，使牛拥有能抗御恶劣条件的环境；能按技术要求调节牛的采食量，使牛群生长发育均匀；可以合理安排牛床能避免牛之间的角斗；便于实现机械化、规模化饲养，提高劳动效率。

（2）舍饲饲养的缺点。需要大量饲料、设备与人力，饲养成本高，牛由于缺乏运动或厩舍空气差而使牛体质较弱。

（3）管理要点。按照母牛不同生理阶段进行分群、日粮配合。加强日常管理，严禁拴系饲养，可采取散放或定时上槽，给牛群以一定面积的运动场地，让牛能活动，有利于提高体质。尽可能让牛自由采食、自由饮水，气温较低时，一定要饮 20℃以上的温水。肉牛圈舍一般不做特别要求，冬季要求能防寒，防止结冰，夏天防雨、防冰雹、防暴晒，并以有产房为好，有利于犊牛和母牛的健康，减少疾病传播。

二、繁殖母牛的饲养管理技术

（一）育成牛的饲养管理

育成牛指断奶后到配种前的母牛。计划留作种用的后备母犊牛应在4~6月龄时选出，要求生长发育好、性情温驯、增重快。但留种用的牛不能过肥，应该具备结实的体质。此阶段发病率较低，比较容易饲养管理。但如果饲养管理不善，营养不良造成中躯和体高生长发育受阻，到成年时在体重和体型方面无法完全得到补偿，会影响其生产性能潜力的充分发挥。

（1）育成牛的生长发育特点。育成牛随着年龄的增长，瘤胃功能日趋完善，12月龄左右接近成年水平，正确的饲养方法有助于瘤胃功能的完善。此阶段是牛的骨骼、肌肉发育最快时期，体型变化大。7~12月龄期间是增长强度最快阶段，生产实践中必须利用好这一特点。如前期生长受阻，在这一阶段加强饲养，可以得到部分补偿。6~9月龄时，卵巢上出现成熟卵泡，开始发情排卵，性成熟一般在12月龄或更晚，体成熟一般在14~18月龄。

（2）育成牛的饲养。为了增加消化器官的容量，促进其充分发育，育成牛的饲料应以粗饲料和青贮饲料为主，适当补充精料。

①舍饲育成牛的饲养：

断奶以后的育成牛：采食量逐渐增加，但应特别注意控制精料饲喂量，每头每日不应超过2千克；同时，要尽量多喂优质青粗饲料，以更好地促使其向适于繁殖的体型发展。3~6月龄可参考的日粮配方：精料2千克，干草1.4~2.1千克或青贮饲料5~10千克。

7~12月龄的育成牛：利用青粗饲料能力明显增强。该阶段日粮必须以优质青粗饲料为主，每天的采食量可达体重的7%~

9%，占日粮总营养价值的 65%~75%。此阶段结束，体重可达 250 千克以上。混合精料配方参考如下：玉米 46%，麸皮 31%，高粱 5%，大麦 5%，酵母粉 4%，叶粉 3%，食盐 2%，磷酸氢钙 4%。日喂量：混合料 2~2.5 千克，青干草 0.5~2 千克，玉米青贮 10~12 千克。

13~18 月龄：为了促进性器官的发育，其日粮要尽量增加青贮、块根、块茎饲料。其比例可占到日粮总量的 85%~90%。但青粗饲料品质较差时，要减少其喂量，适当增加精料喂量。

此阶段正是育成牛进入性成熟的时期，生殖器官和卵巢的内分泌功能更趋健全，若发育正常在 14~18 月龄及以上、体重可达成年牛的 70%~75%时即可进行第一次配种，但发育不好或体重达不到这个标准的育成牛，不要过早配种，否则对牛本身和胎儿的发育均有不良影响。此阶段消化器官的发育已接近成熟，要保持营养适中，不能过于丰富也不能营养不良，否则过肥不易受胎或造成难产；过瘦使发育受阻，体躯狭浅，延迟其发情和配种。

混合精料可参考以下配方。

配方一，玉米 40%、豆饼 26%、麸皮 28%、尿素 2%、食盐 1%、预混料 3%。

配方二，玉米 33.7%、葵花籽饼 25.3%、麸皮 26%、高粱 7.5%、碳酸钙 3%、磷酸氢钙 2.5%、食盐 2%。饲喂量：精料补充料 2~2.5 千克，玉米青贮 13~20 千克，羊草 2.5~3.5 千克，甜菜（粉）渣 2~4 千克。

18~24 月龄：一般母牛已配种妊娠。育成牛生长速度减小，体躯显著向深宽方向发展。初孕到分娩前 2~3 个月，胎儿日益长大，胃受压，从而使瘤胃容积变小，采食量减少，这时应多喂一些易于消化和营养含量高的粗饲料。日粮应以优质干草、青草、青贮料和多汁饲料及氨化秸秆作基本饲料，根据初孕牛的体况，每日可补喂含维生素、钙磷丰富的配合饲料 1~2 千克。这个时期的初孕牛体况不宜过肥。

②放牧：对周岁内的小牛宜近牧或放牧于较好的草地上。冬、春季应采用舍饲。

育成母牛，如有放牧条件，应以放牧为主。放牧青草能吃饱时，每天增重可达 400～500 克，通常不必回圈补饲。青草返青后开始放牧时，嫩草含水分过多，能量及镁缺乏，必须每天在圈内补饲干草或精料，补饲时机最好在牛回圈休息后夜间进行。夜间补饲不会降低白天放牧采食量。补饲量应根据牧草生长情况而定。冬末春初每头育成牛每天应补 1 千克左右配合料，每天喂给 1 千克胡萝卜或青干草，或者 0.5 千克苜蓿干草。

③育成牛的管理：

分群：犊牛断奶后根据性别和年龄情况进行分群。首先是公、母牛分开饲养，因为公、母牛的发育和对饲养管理条件的要求不同；分群时同性别内年龄和体格大小应该相近，月龄差异一般不应超过 2 个月，体重差异不高于 50 千克。

加强运动：在舍饲条件下，青年母牛每天应至少有 2 小时以上的运动，一般采取自由运动。在放牧的条件下，运动时间一般足够。加强育成牛的户外运动，可使其体壮胸阔，心肺发达，食欲旺盛。如果精料过多而运动不足，容易发胖，早熟早衰，利用年限短。

刷拭和调教：为了保持牛体清洁，促进皮肤代谢和养成温驯的气质，育成牛每天应刷拭 1～2 次，每次 5～10 分钟。

放牧管理：采用放牧饲养时，要严格把公牛分出单放，以免偷配而影响牛群质量。对周岁内的小牛宜近牧或放牧于较好的草地上。冬、春季应采用舍饲。

初次配种：育成牛应在体成熟时配种，即 14 月龄以上或体重达到成年体重的 70%以上。

（二）妊娠母牛的饲养管理

妊娠期母牛的营养需要和胎儿的生长有直接关系，应保持中上等膘情即可，但不能过肥。妊娠前 6 个月胚胎生长发育较慢，不必给母牛增加营养，但要保证饲养的全价性，尤其是矿物元素和维生素 A、维生素 D 和维生素 E 的供给。对于没有带犊的母牛，饲养上只考虑母牛维持和运动的营养需要量；对于带犊母牛，饲养上应考虑母牛维持、运动、泌乳的营养需要量。一般而言，以优质青粗饲料为主，精饲料为辅。胎儿的增重主要在妊娠的最后 3 个月，此期的增重占犊牛初生重的 70%～80%，需要从母体供给大量营养，饲养上要注意增加精料量，多给蛋白质含量高的饲料。一般在母牛分娩前，至少要增重45～70 千克，才足以保证产犊后的正常泌乳与发情。

（1）舍饲。舍饲的母牛舍要设运动场，以保证繁殖母牛有充足的光照和运动。

①日粮：按以青粗饲料为主适当搭配精饲料的原则，参照饲养标准配合日粮。粗饲料如以玉米秸为主，由于蛋白质含量低，可搭配 1/3～1/2 优质豆科牧草，再补饲饼粕类，也可以用尿素代替部分饲料蛋白。粗料以麦秸为主时，则须搭配豆科牧草，根据膘情补加混合精料 1～2 千克，精料配方：玉米 52%，饼类 20%，麸皮 25%，石粉 1%，食盐 1%，微量元素、维生素预混料 1%。妊娠母牛应适当控制棉籽饼、菜籽饼、酒糟等饲料的喂量，酒糟喂量根据母牛体重大小一般为3～5千克。

②管理：规模母牛场饲喂方法最好采用全混合日粮（TMR），小型养殖户可采用先粗后精的顺序饲喂，即先喂粗料，待牛吃半饱后，在粗料中拌入部分精料或多汁料碎块，诱导牛多采食，最后把余下的精料全部投喂，吃净后下槽。不能喂冰冻、发霉饲料。饮水温度不低于 10℃。妊娠后期应做好保胎工作，无论放牧或舍饲，都要防止挤撞、猛跑。在饲料条件较好时，要避免过肥和运动不足。充足的运动可增强母牛体质，促进胎儿生长发育，并可防止难产。头胎牛尤为重要。

（2）放牧。以放牧为主的肉牛业，青草季节应尽量延长放牧时间，一般可不补饲。枯草季节，根据牧草质量和牛的营养需要确定补饲草料的种类和数量；特别是在妊娠最后的 2～3 个月，如遇枯草期，应进行重点补饲，另外枯草期维生素 A 缺乏，注意补饲胡萝卜，每头每天 0.5~1 千克，或添加维生素 A 添加剂；另外应补足蛋白质、能量饲料及矿物质的需要。精料补量每头每天 1 千克左右。精料参考配方：玉米 50%，麦麸 10%，饼类 30%，高粱 7%，石粉 2%，食盐 1%。

（三）分娩期母牛的饲养管理

分娩期（围产期）是指母牛分娩前后各 15 天。这一阶段对母牛、胎犊和新生犊牛的健康都非常重要。围产期母牛发病率高，死亡率也高，因此必须加强护理。围产期是母牛经历妊娠至产犊至泌乳的生理变化过程，在饲养管理上有其特殊性。

（1）产前准备。母牛应在预产期前 1~2 周进入产房。产房要求宽敞、清洁、保暖、环境安静，并在母牛进入产房前用 10% 石灰水粉刷消毒，干后在地面铺以清洁干燥、卫生（日光晒过）的柔软垫草。在产房临产母牛应单栏饲养并可自由运动，喂易消化的饲草饲料，如优质青干草、苜蓿干草和少量精料；饮水要清洁卫生，冬天最好饮温水。

在产前要准备好用于接产和助产的用具、器具和药品，在母牛分娩时，要细心照顾，合理助产，严禁粗暴。为保证安全接产，必须安排有经验的饲养人员昼夜值班，注意观察母牛的临产状态，保证安全分娩。纯种肉用牛难产率较高，尤其初产母牛，必须做好助产工作。

母牛在分娩前 1~3 天，食欲低下，消化功能较弱，此时要精心调配饲料，精料最好调制成粥状，特别要保证充足的饮水。

随着胎儿的逐步发育成熟和产期的临近，母牛在临产前会发生一系列变化，应立即做好接产准备。当胎儿前蹄将胎膜顶破时，可用桶将羊水（胎水）接住，用其给产后母牛灌服 3.5~4 千克，可预防胎衣不下。正常情况下，一般不会发生难产，但初产牛和用大型肉牛所配的小型牛难产率较高，应当助产。助产的原则是尽力保全母牛和犊牛，不得已时舍仔保母，还要注意避免产道损伤和感染，防止产后不孕。助产时母牛能够站立采取站立保定，呈头低后高；如不能站立则采取左侧卧，垫高后躯。

（2）产后护理。母牛分娩后，由于大量失水，要立即喂母牛以温热、足量的麸皮盐水（麸皮1~2千克，盐100~150克，碳酸钙50~100克，温水15~20升），可起到暖腹、充饥、增腹压的作用。同时，喂给母牛优质、嫩软的干草1~2千克。为促进子宫恢复和恶露排出，还可补给温热的益母草红糖水（益母草250克，水1 500毫升，煎成水剂后，再加红糖1 000克，水3 000毫升），每日1次，连服2~3日。

胎衣一般在产后5~8小时排出，最长不应超过12小时。如果超过12小时，尤其是夏天，应进行药物治疗，投放防腐剂或及早进行剥离手术，否则易继发子宫内膜炎，影响以后的繁殖。可在子宫内投入5%~10%氯化钠溶液300~500毫升或用生理盐水200~300毫升溶解金霉素、土霉素或氯霉素2~5克，注入子宫内膜和胎衣间。胎衣排出后应检查是否排出完全及有无病理变化，并密切注意恶露排出的颜色、气味和数量，以防子宫弛缓引起恶露滞留，导致疾病。要防止母牛自食胎衣，以免引起消化不良。如胎衣在阴门外太长，最好打一个结，避免后蹄踩踏；严禁拴系重物，以防子宫脱出。对于挤奶的母牛，产后5天内不要挤净初乳，可逐步增加挤奶量。母牛产后康复期为2~3周。

母牛经过产犊，气血亏损，抵抗力减弱，消化功能及产道的恢复需要一段时间，而乳腺的分泌功能却在逐渐加强，泌乳量逐日上升，形成了体质与产乳的矛盾。此时在饲养上要以恢复母牛体质为目的。在饲料的调配上要加强其适口性，刺激牛的食欲。粗饲料则以优质干草为主。精料不可太多，但要全价、优质，适口性好，最好能调制成粥状，并可适当添加一定的增味饲料，如糖类等。对体弱母牛，在产犊3天后喂给优质干草，3~4天后可喂多汁饲料和精饲料。当乳房水肿完全消失时，饲料即可增至正常。如果母牛产后乳房没有水肿，体质健康，粪便正常，在产犊后第一天就可喂给多汁饲料，到6~7天时，便可增加到足够喂量。要保持充足、清洁、适温的饮水。一般产后 1~5 天应饮给温水，水温 37~40℃，以后逐渐降至常温。

分娩后阴门松弛，躺卧时黏膜外翻易接触地面，为避免感染，地面应保持清洁，垫草要勤换。母牛的后躯阴门及尾部应用消毒液清洗，以保持清洁。加强监护，随时观察恶露排出情况，观察阴门、乳房、乳头等部位是否有损伤。每日测 1~2 次体温，若有体温升高及时查明原因进行处理。

（四）哺乳母牛的饲养管理

（1）舍饲。舍饲时一头母牛一个牛床，可在母牛床侧或运动场建犊牛岛或犊牛补饲栏，各牛床间可用隔栏分开。繁殖母牛在产后配种前应具有中上等膘情，过瘦过肥往往影响繁殖。在肉用母牛的舍饲养殖中，容易出现精料过多而又运动不足，造成母牛过肥，不发情。但在营养缺乏、母牛瘦弱的情况下，也会造成母牛不发情而影响繁殖。瘦弱母牛配种前 1~2 个月加强饲养，应适当补饲精料，提高受胎率。

①日粮：哺乳母牛的主要任务是多产奶，以供犊牛需要。母牛在哺乳期所消耗的营养比妊娠后期要多；每产 1 千克乳脂率 4% 的奶，相当于消耗 0.3~0.4 千克配合饲料的营养物质。1 头大型肉用母牛，在自然哺乳时，日产奶量可达 6~7 千克，产后 2~3 个月到达泌乳高峰；本地黄牛产后日产奶 2~4 千克，泌乳高峰多在产后 1 个月出现。西门塔尔等兼用牛平均日产奶量可达 10 千克以上，此时母牛如果营养不足，不仅产奶量下降，还会损害健康。

母牛分娩 3 周后，泌乳量迅速上升，母牛身体已恢复正常，应增加精料用量，日粮中粗蛋白含量以 10%~11% 为宜，应供给优质粗饲料。饲料要多样化，一般精、粗饲料各由 3~4 种组成，并大量饲喂青绿、多汁饲料，以保证泌乳需要和母牛发情。舍饲饲养时，在饲喂青贮玉米或氨化秸秆保证维持需要的基础上，补喂混合精料 2~3 千克，并补充矿物质及维生素添加剂。放牧饲养时，因为早春产犊母牛正处于牧地青草供应不足的时期，为保证母牛产奶量，要特别注意泌乳早期的补饲。除补饲秸秆、青干草、青贮饲料等外，每天补喂混合精料 2 千克左右，同时注意补充矿物质及维生素。头胎泌乳的青年母牛除泌乳需要外，还需要继续生长，营养不足对繁殖力影响明显，所以一定要饲喂优良的禾本科及豆科牧草，精料搭配多样化。在此期间，应加强乳房按摩，经常刷拭牛体，促使母牛加强运动，充足饮水。

分娩 3 个月后，产奶量逐渐下降，母牛处于妊娠早期，饲养上可适当减少精料喂量，并通过加强运动、梳刷牛体、给足饮水等措施，加强乳房按摩及精细的管理，可以延缓泌乳量下降；要保证饲料质量，注意蛋白质品质，供给充足的钙磷、微量元素和维生素。这个时期，母牛的采食量有较大增长，如饲喂过量的精料，极易造成母牛过肥，影响泌乳和繁殖。因此，应根据体况和粗饲料供应情况确定精料喂量，多供青绿多汁饲料。

现列出两个哺乳期母牛的精料配方，供参考。

配方一：玉米 50%，熟豆饼（粕）10%，棉仁饼（或棉籽粕）5%，胡麻饼 5%，花生饼 3%，葵花籽饼 4%，麸皮 20%，磷酸氢钙 1.5%，碳酸钙 0.5%，食盐 0.9%，微量元素和维生素添加剂 0.1%。

配方二：玉米 50%，熟豆饼（粕）20%，麸皮 12%，玉米蛋白 10%，饲料酵母 5%，磷酸氢钙 1.6%，碳酸钙 0.4%，食盐 0.9%，强化微量元素与维生素添加剂 0.1%。

②管理：

细心观察母牛：每日注意观察母牛乳房、食欲、反刍、粪便等情况，发现异常及时治疗。

细心管理母牛：每天刷拭牛体，保证牛体清洁。按时驱虫和接种疫苗。每年修蹄 1~2 次，保证肢蹄姿势正常。自由活动，严禁拴系饲养。

适时配种：分娩 40~80 天，注意观察母牛是否发情，便于适时配种。配种后两个情期还应观察母牛是否有返情现象。

母牛产后开始出现发情平均为产后 34 天（20~70 天）。如果精料过少会造成母牛过瘦，但精料过多会造成母牛过肥，都会推迟产后第一次发情时间。一般母牛产后 1~3 个情期，发情排卵比较正常，随着时间的推移，犊牛体重增大，消耗增多，如果不能及时补饲，往往母牛膘情下降，发情排卵受到影响。因此，产后多次错过发情期，则情期受胎率会越来越低。如果出现此种情况，应及时进行直肠检查，摸清情况，谨慎处理。

母牛出现空怀，应根据不同情况加以处理。造成母牛空怀的原因，有先天和后天两个方面。先天不孕一般是由于母牛生殖器官发育异常，如子宫颈位置不正、阴道狭窄、幼稚病、异性孪生的母犊和两性畸形等，先天性不孕的情况较少，在育种工作中淘汰那些隐性基因的携带者，就能加以解决。后天性不孕主要是由于营养缺乏、饲养管理及生殖器官疾病所致。

成年母牛因饲养管理不当造成不孕，在恢复正常营养水平后，大多能够自愈。在犊牛时期由于营养不良致生长发育受阻，影响生殖器官正常发育而造成的不孕，则很难用饲养方法补救。若育成母牛长期营养不足，则往往导致初情期推迟，初产时出现难产或死胎，并且影响以后的繁殖力。

另外，改善饲养管理条件，增加运动和日光浴可增强牛群体质、提高母牛的繁殖能力。牛舍内通风不良、空气污浊、夏季闷热、冬季寒冷、过度潮湿等恶劣环境极易危害牛体健康，敏感的个体，很快停止发情。因此，改善饲养管理条件十分重要。

（2）放牧。哺乳母牛放牧饲养时应放牧于牧草较好、距离牛舍较近的地方。根据牧草的情况酌情补饲粗饲料和精饲料。

第三节 犊牛饲养管理

一、新生犊牛的处理

（1）清除犊牛口腔、鼻腔黏液，帮助其尽快顺畅呼吸。让母牛尽早舔舐犊牛身体，以加强母仔亲和力，有利于自然哺乳。个别母牛不舔食，可在犊牛身体上撒麸皮加以诱导。

（2）如遇假死犊牛（犊牛生长发育完全，但生下后不呼吸，而心脏仍在跳动），应及时抢救。抢救方法有：拍打犊牛胸部；倒提牛，控出羊水；用碘酒或酒精棉球刺激鼻腔等。

（3）断脐带。脐带未断裂时，用消毒剪刀距腹部 6~8 厘米处剪断。捏住脐带基部，捋去血水，断端用 5% 碘酒消毒，一般不结扎，以利于干燥愈合。

（4）称重。犊牛第 1 次吃初乳前的重量为出生重。

二、随母哺乳，过好"哺乳关"

肉用犊牛一般随母自然哺乳。犊牛出生后应在 0.5~2 小时尽量让其吃上初乳。方法是在犊牛能够自行站立时，让其接近母牛后躯，采食母乳。对个别体弱的可人工辅助，挤几滴母乳于洁净手指上，让犊牛吸吮其手指，而后引导到乳头助其吮奶。自然哺乳时应注意观察犊牛吸乳时的表现，当犊牛频繁地顶撞母牛乳房，而吞咽次数不多，说明母牛奶量少，犊牛不够吃，应加大补饲量；反之，当犊牛吸吮一段时间后，口角已出现白色泡沫时，说明犊牛已经吃饱，应将犊牛拉开，否则容易造成犊牛哺乳过量而引起消化不良。

传统的肉用犊牛的哺乳期一般为 6 个月，纯种肉牛及我国黄牛的养殖一般不实行早期断奶。但西门塔尔改良牛产奶量高，在挤奶出售的情况下，可实行犊牛早期断奶。

三、及早补饲

肉用母牛的产奶量较低，肉用犊牛早期生长快，仅靠母牛的奶喂养犊牛，不能满足其快速发育的需要，因此，在犊牛哺乳早期就应进行补饲。

（一）干草的补饲

从 1 周龄开始，在牛栏的草架内添入优质干草（如豆科青干草等），训练犊牛自由采食，以促进瘤胃、网胃发育。

（二）精料的补饲

生后 10~15 天开始训练犊牛采食精料。由于肉用母牛和犊牛一起生活，所以应采取有效的补饲措施——隔栏补饲，即在牛舍或牛圈内设一个犊牛能够自由进出而母牛不能进入的坚固围栏，内设饲槽并每天放置补饲的饲料。围栏的大小视犊牛的头数而定，进口宽 40~50 厘米、高 90~100 厘米。

开始时日喂干粉料 10~20 克，到 1 月龄时，每天可采食150~300 克，2 月龄时可采食到 500~700 克，3 月龄时可采食到750~1 000 克。

补充的精料必须是高蛋白和易消化的能量饲料，并添加维生素、矿物质，其营养必须平衡，还须具有较好的适口性。

（三）青绿多汁饲料的补饲

如胡萝卜、甜菜等，犊牛在 20 日龄时开始补喂，以促进消化器官的发育。每天先喂 20 克，到 2 月龄时可增加到 1~1.5 千克，3 月龄为 2~3 千克。

（四）青贮饲料的补饲

可在 2 月龄开始饲喂，每天 100~150 克，3 月龄时 1.5~2 千克，4~6 月龄时 4~5 千克。应保证青贮饲料品质优良，防止用酸败、变质及冰冻青贮饲料喂犊牛。

四、合理断奶

肉用犊牛断奶时的最大应激反应是母仔分离给犊牛带来的痛苦。断奶应采取循序渐进的方法。断奶初期，可逐渐减少母仔在一起的时间和次数，将犊牛留在原处，定时将母牛牵走。自然哺乳的母牛在断奶前 1 周停喂精料，只给优质粗料，使其泌乳量减少。刚断奶的犊牛应细心喂养，断奶后 2 周内的日粮应与断奶前相似。日粮中精料占 60%，粗蛋白不低于 12%。

五、加强护理，预防疾病

在犊牛饲养中，坚持每天刷拭牛体，并注意观察其食欲、精神、粪便是否正常，发现问题及时采取措施。犊牛最易发生的疾病是腹泻和肺炎。可给犊牛添加1%的酵母片，以促进其消化；恶劣天气减少犊牛户外活动，好天气多让犊牛进行户外活动，以增强抗病力；做好防寒保暖工作，防止受凉感冒。

第四节　生长牛饲养管理

一、育成母牛的饲养管理

育成母牛是指断奶后到配种前的母牛。计划留做后备牛的犊牛在4~6月龄时选出，要求生长发育好、性情温驯、具备良好的体质，但不过于肥胖。

（一）育成母牛的饲养

育成母牛的日粮应以青粗饲料为主，充分采食青草、青贮饲料和干草。青饲季节可不补充精料，仅补充矿物质即可。冬季根据青粗饲料质量补饲少量精饲料。

1. 0~6月龄

可采用的日粮配方为犊牛料2千克，干草1.4~2.1千克或青贮饲料5~10千克。

2. 7~12月龄

日粮中干物质的75%应来源于青粗饲料，25%来源于精饲料。日喂量：混合料2千克左右，青干草0.5~2千克，玉米青贮11千克。

在放牧状况下，如果牧草生长良好，此期犊牛日粮中的粗饲料、多汁饲料和大约一半的精饲料可被牧草代替；在牧草生长较差的情况下，则必须补饲青饲料。青饲料的采食量：7~9

月龄母牛为 18~22 千克，10~12 月龄母牛 22~26 千克。每天青粗饲料的采食量可达体重的 7%~9%，占日粮总营养价值的 65%~75%。

3. 13~18 月龄

为了促进育成牛性器官的发育，其日粮中要尽量增加青贮、块根、块茎饲料的喂量。一般情况下，可不喂精料或少喂精料（每头牛日饲喂量在 0.5 千克以下）；但在优质青干草、多汁饲料不足和计划较高日增重的情况下，则必须每天每头牛加喂 1~1.3 千克精料。

在放牧条件下，如果牧草生长较差，也必须给牛补饲青饲料。青饲料日喂总量（包括放牧采食量），13~15 月龄育成母牛为 26~30 千克，16~18 月龄育成母牛为 30~35 千克。冬末春初每头育成牛每天应补 1.0 千克配合料，每天喂给 1.0 千克胡萝卜或青干草，或者 0.5 千克苜蓿干草，或每千克料配入 1 万国际单位的维生素 A。

4. 19~24 月龄

进入配种繁殖期。日粮应以优质干草、青草、青贮饲料和多汁饲料为基本饲料，少喂或不喂精料。到妊娠后期，应每天补充 2.0~3.0 千克精料。如有放牧条件，应以放牧为主。

（二）育成母牛的管理

1. 及时分群

育成牛断奶后进行分群。首先是公、母牛分开饲养，其次是体格大小应该相近，月龄差异一般不应超过 2 个月，体重差异低于 30 千克。

2. 加强运动

在舍饲条件下，青年牛每天应至少有 2 小时以上的运动。一般采取自由运动。在放牧的条件下，运动时间一般足够。

3. 经常刷拭牛体

为了保持牛体清洁，促进皮肤代谢和养成温驯的气质，育成牛每天应刷拭 1~2 次，每次 5~10 分钟。

4. 加强发情鉴定，适时配种

发育较好的母牛可于 18 月龄配种，对发情异常的个体及时进行检查和处理。

肉用母牛的配种要加强选种选配。杂交改良牛生长快，效益好，但要特别注意母牛的难产问题。初配牛最好选择中小型肉牛品种如安格斯牛或地方良种黄牛进行杂交，大型牛和经产牛可引入利木赞牛、夏洛莱牛、西门塔尔牛等大型牛进行改良。

二、成年母牛的饲养管理

（一）空怀母牛的饲养管理

空怀母牛饲养管理的主要任务是提高受配率、受胎率。为此，首先要查清母牛空怀的主要原因，是正常的生理性空怀，还是由于饲养管理不当或疾病造成的不孕性空怀，若属于后者，则要加强饲养管理，及时采取治疗措施。

母牛在配种前应具有中上等膘情，过瘦和过肥都会影响其正常妊娠。改善饲养管理条件、增加运动和日光浴可增强牛群体质，提高母牛的繁殖能力。空怀母牛的饲养应充分利用粗饲料，以降低饲养成本。

（二）妊娠母牛的饲养管理

1. 多采取放牧饲养的方法

我国青草放牧季节主要在 6—10 月，可充分利用青草季节进行放牧饲养。在此期间，只要牧草质量好，就能基本满足牛的需要，一般不需要补饲。

放牧的时间：4 时出牧，20 时收牧，中午 4 个小时进舍避暑，每天放牧 12 小时。每天补喂精料 1~1.5 千克，饮水 5~6

次，刷拭牛体 2 次。

枯草季节，应根据草的质量及时补饲，特别是妊娠的最后 2~3 个月，每天可以补喂混合精料 1.5~2 千克，干青草 8 千克，食盐 50 克，磷酸氢钙 75 克。

在舍饲期，日粮应以青粗饲料为主，适当搭配精饲料。日喂优质干草 11 千克，青贮饲料 10~15 千克，混合精料 2.5~3 千克，食盐 30 克，磷酸氢钙 45 克。保证充足饮水，上、下午各驱赶运动 1.5~2 小时，每天刷拭牛体 2 次。

2. 做好保胎工作

（1）满足母牛的营养需要。防止营养不良而发生妊娠中止，保证日粮中充足的粗蛋白、维生素 A 和维生素 E 以及钙、磷等。特别是孕牛妊娠最后两三个月在冬季的，更应注意其日粮营养的全面性，饲料适口性要强并易于消化。同时，要确保饲料清洁新鲜，不喂发霉变质饲料、冰冻饲料，不喂酒糟、棉籽饼等含有某种毒素成分的饲料。此外，还应注意防止牛过瘦或过肥，以免发生难产。

（2）给予孕牛适宜的环境，保持牛的健康。每天应对牛舍、牛床、牛体进行清洗、打扫，保持清洁卫生，并定期消毒。严格防疫，防止发生传染病。布鲁氏菌病是预防的重点，一旦发生会引起孕牛流产。

（3）合理运动、使役。孕牛的牵引、驱赶、使役等要注意方法，不要过急、过快。孕牛产前 1~2 个月应停止使役。

（4）合理用药。孕牛患病治疗时用药必须谨慎，对胎儿有致畸等危害的药物应避免使用，能引起子宫肌收缩的药也应禁用，如麦角碱、催产素、前列腺素等，除此还应禁用全身麻醉药、烈性腹泻药等。

（5）不混群饲养。孕牛应与其他牛分开单独饲养，防止顶架、爬跨等造成流产。

（6）避免孕牛受到机械性损伤。生产中对孕牛应温和，合理调教，不能粗暴，防止滑倒、挤伤或碰伤。

(三) 泌乳母牛的饲养管理

泌乳母牛的饲养，主要是达到有足够的泌乳量，以供犊牛生长发育的需要。放牧饲养情况下，多采用季节性产犊，以早春产犊较好。既可以保证母牛的产奶量，又可以使犊牛提前采食青草，有利于犊牛生长发育。舍饲情况下，可参考饲养标准配合日粮，但应以青饲和青贮为主，适当搭配精饲料，既有利于产奶和产后发情，也可节约精饲料。

第五节　肉牛快速育肥技术

一、肉牛的生长规律（育肥原理）

(一) 体重的增长规律

(1) 体重的一般增长。在充分饲养的条件下，肉牛在12月龄前增重最快，以后逐渐变慢，近成熟时生长速度很慢，成年时体重基本稳定（图4-1）。

如果以1岁时的增重为1，则2岁时的增重为1岁时的70%，3岁时增重为2岁时的50%。可见，肉牛在1~2岁前增重潜力大，3岁以上牛增重优势变小。在生长快的阶段给予充分饲养，可以发挥肉牛的增重效果，提高饲料转化率。

(2) 补偿生长。在生产实践中常见，牛在生长发育的某一阶段由于营养不足生长速度下降，但当营养改善后，则其生长速度比未受限制饲养的牛只要快，且经过一段时间饲养后，体重仍能达到正常体重，这种现象称为补偿生长。

充分利用肉牛生长的这一特性，可以选择架子牛育肥，育肥效果好；可以根据市场行情，确定肉牛育肥时的营养水平、生长速度，调控出栏时间。但是也应注意，如果在生命早期（3月龄前），当生长速度严重受阻时，则下一个阶段（3~9月龄）的生长将很难补偿。

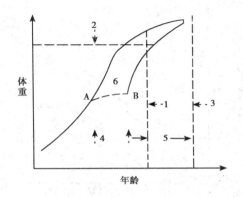

图4-1　肉牛的正常饲养组

（A）限制饲养组（B）生长曲线及补偿生长

1. 按年龄比较 2. 按同体重比较 3. 相同体重、相同年龄比较

4. 限制饲喂 5. 补偿生长 6. 性成熟

（二）体组织的生长规律

牛体组织的生长直接影响到体重、外型和肉的质量。骨骼组织在牛出生后头几个月增重快，以后逐渐变慢；肌肉组织在12月龄前增重最快，以后逐渐变慢；脂肪组织在12月龄前沉积慢，以后逐渐变快（图4-2）。

各机体组织占胴体重的百分率，在生长过程中变化也很大。肌肉占胴体重的比例先是增加而后下降，脂肪的百分率持续增加，骨的比例持续下降。年龄越大则脂肪比例越高。

由此可见，幼龄牛育肥体重增加以肌肉为主，而成年牛育肥则主要为脂肪沉积。

二、肉牛常规育肥技术

肉牛常规育肥的生产技术流程为：育肥牛只的选择→牛只的转运→育肥前的准备（适应期）→育肥→出栏。

（一）育肥牛只的选择

牛的育肥效果与其品种、性别、年龄、体重、体型外貌等

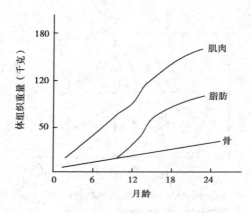

图 4-2　肉牛体组织的生长规律

息息相关。生产中应综合考虑上述因素以筛选出育肥潜力大的牛只。

（1）品种。杂交改良牛优于地方牛。西门塔尔、夏洛莱、利木赞等与我国黄牛的杂交牛都是很好的育肥品种，其生长速度一般比地方牛高 30% 以上，屠宰率可达 55%。荷斯坦奶牛的公犊也是理想的育肥牛源。

如选择地方牛品种育肥，则以秦川牛、南阳牛、鲁西牛、晋南牛、延边牛等较好。其生长速度不快，但肉的风味好。

（2）性别。公牛优于母牛。公牛比母牛有更快的生长速度和更高的饲料转化率。公牛去势后（称为阉牛），生长速度和饲料转化率均有所下降，幅度达 8.7% 和 12%。但阉牛易管理，肌肉间脂肪易沉积，风味好，更适宜高档牛肉的生产。

生产中，公牛一般采用不去势育肥，以充分发挥生长快的优势，但屠宰年龄不宜超过 2 岁，以免影响肉的质量。如进行高档牛肉的生产，则通常选择阉牛。

（3）年龄。幼龄牛育肥增重快，饲料转化率高，肉质好。成年牛育肥增重慢，以沉积脂肪为主，饲料转化率低，肉质量差。所以最好选择 1~2 岁的牛进行育肥，以不超过 3 岁为好。

（4）体重。一般认为，在同一年龄阶段，体重越大、体况越好，育肥时间就越短，育肥效果也好。一般选择体重 250 千克以上的肉牛育肥效益最高。

（5）体型结构。育肥牛选择要以骨架选择为重点，而不要过于强调其膘情的好坏。实践证明，牛头重、长宽，蹄重，胸深、宽，臀部宽等，是增重速度快的重要标志。肉牛皮肤松弛、弹性大，"一抓一大把"，皮毛柔软密实，生长潜力大。

（6）健康状况。牛的精神、采食、排便、反刍等情况正常，剔除年老、体弱、有严重消化器官疾病或其他疾病的个体，以免浪费饲料，徒劳无益。身体虽有一定缺陷，但不影响其采食、消化正常，也可用于育肥生产。相反，发育虽好，但性情暴燥、富有神经质的牛，饲料转化率低，不宜入选。

（二）育肥前的准备

育肥牛只引入之前，应准备好房舍、储备好草料，彻底消毒牛舍。牛只进入育肥场后，一般需要经过 15~20 天的适应期，以解除运输应激，使其尽快适应新的环境。驱虫、健胃、免疫是工作重点。

这段时间的调整很重要，对于由于应激反应大甚至出现疾病不能及时恢复、治疗难度大的个体，应尽早淘汰。适应期内的主要工作包括以下几种。

（1）及时补水。这是新引进牛只到场后的首要工作，因为经过长距离、长时间的运输，牛体内缺水严重。补水方法是：第 1 次补水，饮水量限制在 15 千克以下，切忌暴饮；间隔 3 小时后，第 2 次饮水，此时可自由饮水。在饮水中掺少许食盐或人工盐，可促进唾液、胃液分泌，刺激胃肠蠕动，提高消化效果。

（2）日粮逐渐过渡到育肥日粮。开始时，只限量饲喂一些优质干草，每头牛 4~5 千克，加强观察，检查是否有厌食、下痢等症状。翌日起，随着食欲的增加，逐渐增加干草喂量，添加青贮、块根类饲料和精饲料，经 5~6 天后，可逐渐过渡到育肥日粮。

（3）给牛创造舒适的环境。牛舍要干净、干燥，不要立即拴系，宜自由采食。围栏内要铺垫草，保持环境安静，让牛尽快消除倦燥情绪。

（4）每天检查牛群健康状况。重点观察牛的精神、食欲、粪便、反刍等状态，发现异常情况及时处理。

（5）分组、编号。根据牛的品种、大小、体重、采食特性、性情、性别等相同或相似者将其分为一群，以便确定营养标准，合理配制日粮，提高育肥效果；同时给每个个体重新编号（最简单的编号方法是耳标法），以便于管理和测定育肥成绩。

（6）驱虫。在育肥前7～10天，可视情况应用丙硫咪唑、左旋咪唑、伊维菌素、阿维菌素等对即将育肥的牛群一次性彻底驱虫，以提高饲料转化率。

（7）健胃。驱虫3天后进行。可口服人工盐50～150克或食盐20～50克/（天·头）。

（8）免疫、检疫。免疫主要针对口蹄疫，检疫主要针对布鲁氏菌病和结核病。这些工作什么时间进行，具体需要哪些疫病的免、检，由当地兽医主管部门结合购牛时的记录进行确定并执行。畜主在购牛后要及时告知当地兽医部门。

（9）去势。成年公牛于育肥前10～15天去势。性成熟前（1岁左右）屠宰的牛可不去势育肥。若去势则应及早进行。

（10）称重。牛在育肥开始前要称重（空腹进行），以后每隔1个月称重1次，依此测出牛的阶段育肥效果，并可确定牛的出栏时间。

（三）育肥方法

牛的育肥年龄不同，育肥牛肉产品不同，其育肥方法也有区别。

（1）强度育肥。也称持续育肥，是指犊牛断奶后直接进入育肥期，直到出栏。这是当前发达国家肉牛育肥的主要方式。

这种方式由于充分利用了幼牛生长快的特点，饲料转化率高，肉质好，可提供优质高档分割牛肉。育肥过程中，给予肉牛足够的营养，精料所占比重通常为体重的 1%~1.5%；生长速度尽可能的快，平均日增重 1 千克以上；生产周期短，出栏年龄在 1~1.5 岁。采取该种方式育肥肉牛需要的条件：牛（牛肉）行情好；精饲料资源丰富，价格低；具有良好的保温设施。

（2）架子牛育肥。这是当前我国肉牛育肥的主要方式。

架子牛是指没有经过育肥或经过育肥但尚没有达到屠宰体况（包括重量、肥度等）的牛。这些牛通常从草场被选到育肥场进行育肥。

按照年龄分类，架子牛分为犊牛、1 岁牛和 2 岁牛。年龄在 1 岁之内，称为犊牛；1~2 岁的称 1 岁牛；2~3 岁称 2 岁牛。3 岁及以上，统称为成年牛，很少用作架子牛。

吊架子期，主要是各器官的生长发育和长骨架，不要求有过高的增重；在屠宰前 3~6 个月，给予较高营养，集中育肥后屠宰上市。这种方式，虽然拉长了饲养期，但可充分利用牧场放牧资源，节约精料。

为降低饲养成本，育肥饲料应尽可能使用玉米青贮、各类糟渣及玉米胚芽粕、DDGS（玉米酒糟及可溶物，脱水）等谷物加工的副产品。

（3）成年牛育肥。主要是淘汰奶牛、繁殖母牛的育肥。这类牛一般体况不佳，不经育肥直接屠宰时产肉率低，肉质差；经短期集中育肥，不仅可提高屠宰率、产肉量，而且可以改善肉的品质和风味。

由于成年牛已基本停止生长发育，故其育肥主要是恢复肌肉组织的重量和体积，并在其间沉积脂肪，到满膘时就不会再增重，故其育肥期不宜过长，一般控制在 3 个月左右。其育肥周期短，资金周转快，但肉质较差，饲料转化率低。

（四）育肥牛的管理

俗话说"三分喂养，七分管理"，搞好管理工作有助于肉牛育肥性能发挥，起到事半功倍的效果。

（1）饲喂时间。牛在黎明和黄昏前后是每天采食最紧张的时刻，尤其是在黄昏采食频率最大。因此，早晚是喂牛的最佳时间。多数牛的反刍在夜间进行，特别是天刚黑时，反刍活动最为活跃，所以在夜间应尽量减少干扰，以使其充分消化粗料。

（2）饲喂次数。自由采食的饲喂效果均优于定时定量饲喂；定时定量饲喂时，无论是增重还是饲料转化率，每天饲喂 1 次的效果均最理想。目前，我国肉牛企业多采用每天饲喂 2 次的方法。

（3）饲喂顺序。随着饲喂机械化程度越来越高，应推广全混合日粮（TMR）喂牛，提高牛的采食量和饲料转化率。

不具备条件的牛场，可采用分开饲喂的方法，为保持牛的旺盛食欲，促使其多采食，应遵循"先干后湿、先粗后精、先喂后饮"的饲喂顺序，坚持少喂勤添、交叉上料。同时，要认真观察牛的食欲、消化等方面的变化，及时做出调整。

（4）每天观察牛群，预防下痢。重点看牛的采食、饮水、粪尿、反刍、精神状态是否正常，发现异常立即处理。大量饲喂如青贮饲料等酸性大的饲料时，易引起牛的下痢，生产中应特别注意。

（5）经常刷拭牛体。每天至少刷拭牛体 1 次，以保持牛体清洁，促进牛体表面血液循环，增强牛体代谢，有利于增重，还可以有效预防体外寄生虫病发生。

（6）限制运动。到育肥中后期，每次喂完后，将牛拴系在短木桩或休息栏内，缰绳系短，长度以牛能卧下为宜，缰绳长度一般不超过 80 厘米，以减少牛的活动消耗。此期主要是让牛晒太阳、呼吸新鲜空气。

（7）定期称重。育肥期最好每月称重 1 次，以帮助了解育肥效果，并据此对育肥效果不理想或育肥完成的牛只及时做出处理。

（8）定期做好驱虫、防疫工作。制定牛场的寄生虫、传染病防控程序，定期进行。

第五章　牛群保健和疾病防治

第一节　牛群常规保健制度

保证肉牛健康是确保肉牛生产能够顺利进行和提高经济效益的基础条件。生产中做好肉牛日常的保健工作至关重要。牛场保健工作的原则是防重于治。

一、严格门卫管理

严格门卫管理制度，防止病从"口"入。养牛场的门卫管理要严格做到以下几点。

（1）养牛场或生产区入口处的消毒池内每天应保持有消毒液；消毒室内应装紫外线灯。

（2）非本场人员未经同意不准随意进入生产区；被允许进入者必须先更换专用的工作衣、帽和胶鞋，经消毒池及消毒室内消毒、杀菌后方可进入。

（3）牧场员工休班、休假回来，必须先洗澡，将穿回的所有衣服在清洗消毒后，方可上班。牧场员工只进入生产区，不允许带食品。

（4）养殖场内只允许饲料车辆进入，车辆进入时首先过消毒池，然后用5%柠檬酸消毒液喷雾将整个车消毒，方可进入牧场。

（5）淘汰牛时拉牛的运输车辆不得进入牧场。

（6）新到饲料苜蓿及牛草必须放置2个月后方可使用。

二、定期消毒

（1）常规消毒是重点。常规消毒即预防性消毒，是在没有发生疫病时以预防感染为目的的消毒。要求做到：每周对整个牧场进行 1 次彻底的喷雾消毒；病牛舍、产房、隔离牛舍应每天进行清扫及消毒 1 次；每周 3 次对犊牛舍进行喷雾消毒；每批次接牛断奶后对犊牛舍消毒，风干后再使用。

（2）在发生疫病时，要进行紧急性消毒。紧急性消毒时，要适当增加消毒次数，提高消毒剂浓度。牛舍内检出结核病、布鲁氏菌病阳性牛在淘汰或迁离后，所有牛床、运动场及用具均应及时彻底消毒。

牛场常用消毒药物有很多（表 5-1），可以选择使用。

表 5-1　常用消毒药物

药名	剂量与用法	用途及注意事项
苯酚（石炭酸）	1%溶液局部涂擦，3%~5%溶液用于喷雾或浸泡消毒	杀灭一般细菌，对芽孢及病毒作用较差，主要用于器械、用具、畜舍及排泄物的消毒
克辽林（臭药水）	3%~5%溶液喷洒	用于环境卫生消毒
甲醛	40%甲醛溶液或福尔马林 0.8%溶液浸泡，40%甲醛按 18~36 毫升/立方米与高锰酸钾按 5：3 比例混合熏雾	用于器械消毒，用于畜舍空间消毒，用于浸泡生物标本
氢氧化钠（苛性钠，粗制品称烧碱）	3%~5%溶液	用于畜舍、饲槽、地面及运输车辆进场消毒，消毒后应用清水冲洗
氧化钙（生石灰）	10%~20%石灰乳	消毒作用不强，用于墙壁、畜栏及地面消毒
漂白粉	1%~2%澄清液	用于非金属器具及饲槽消毒，用于饮水消毒
碘酊	为 2%~5%碘的酒精溶液	杀菌力较强，可杀灭芽孢、霉菌及原虫，用于皮肤消毒
碘甘油	含碘 5%的甘油溶液	用于黏膜消毒

（续表）

药名	剂量与用法	用途及注意事项
硼酸	1%~2%水溶液，10%软膏	抗菌力弱、刺激性小，用于洗眼或擦伤、烧伤等的消毒
新洁尔灭	0.1%溶液，0.01%~0.05%溶液	用于皮肤、器械浸泡消毒用于冲洗黏膜
洗必泰	0.02%溶液，0.05%溶液，0.1%溶液，0.5%溶液	用于术前手的消毒用于创伤冲洗用于器械消毒 用于无菌室及无菌用具消毒
过氧化氢（双氧水）	0.3%~1%溶液，1%~3%溶液	用于黏膜冲洗和创伤冲洗
高锰酸钾	0.1%~0.2%溶液，0.01%~0.02%溶液	用于冲洗创伤及黏膜腔道，用于有机毒物中毒时洗胃
龙胆紫（结晶紫）	1%~2%溶液	用于创伤及溃疡面消毒
水杨酸	10%乙醇溶液，10%软膏外用	杀菌作用微弱，但有抗霉菌作用用于皮肤霉菌感染
雷佛奴耳（利凡诺）	0.1%~0.2%溶液，1%软膏	用于冲洗创伤及黏膜腔道，用于化脓创伤消毒

三、程序免疫和检疫

有计划地给健康牛群免疫接种，可以有效抵抗相应传染病的侵害；通过检疫，可以检出疫情进而消灭、控制疫情，防止疫情扩散。

口蹄疫是国家规定必须重点防疫的项目，布鲁氏菌病、结核病是国家规定必须进行检疫的两个项目。其他疫病是否需要免疫或检疫根据各地需要选择进行。根据本地区传染病种类及其发生季节、流行规律，制订相应的免疫接种、检疫计划，并严格落实，就会有效防控重大肉牛疫病发生。

口蹄疫的免疫。肉牛口蹄疫疫苗的注射，要求每年至少3次，春季和秋季是防控口蹄疫的关键时期。我国重点防控O型、A型、亚洲1型口蹄疫。要求O、A、亚洲1型3种疫苗都要注射，因为它们之间不具有相互免疫性。目前，我国对牛口蹄疫免疫主要使用口蹄疫 O 型-亚洲 1 型二价灭活疫苗和口蹄疫 A 型灭活疫苗。O 型-A 型-亚洲 1 型三价灭活苗正在研发试用中。

我国农业部规定：所有规模养牛场犊牛 90 日龄左右进行初免，初免后间隔 1 个月后进行 1 次加强免疫，以后每隔 4~6 个月免疫 1 次。散养牛只在春、秋两季进行 1 次集中免疫，每月定期补免。发生疫情时，对疫区、受威胁区域的全部牛只进行 1 次加强免疫。边境地区受到境外疫情威胁时，要对边境线 30 千米以内的所有易感家畜进行 1 次加强免疫。最近 1 个月已免疫的家畜可以不进行加强免疫。

疫苗注射后还要进行抗体检测，以判断疫苗的注射效果。如果口蹄疫抗体滴度达不到要求，说明存在问题，需要重新免疫。

牛的疫苗种类较多，各地可根据需要选择使用。牛的常用疫苗及使用方法列表 5-2 如下。

表 5-2　牛的常用疫苗及使用方法

预防的疫病	疫苗名称	使用方法	免疫期
牛 O 型、亚洲 1 型口蹄疫	口蹄疫 O 型-亚洲 1 型二价灭活疫苗	肌内注射，每头 2.0 毫升	4~6 个月
牛 A 型口蹄疫	口蹄疫 A 型灭活疫苗	肌内注射，每头 2.0 毫升	6 个月
牛出血性败血病（牛巴氏杆菌病）	牛出血性败血病氢氧化铝胶灭活疫苗	肌内或皮下注射，100 千克以下牛注射 4 毫升，100 千克以上牛注射 6 毫升	9 个月
牛肺疫（牛传染性胸膜肺炎）	牛肺疫兔化绵羊适应弱毒冻干苗	肌内注射，先用 20% 氢氧化铝冻干苗作 1∶50 稀释，成年牛 1 毫升，6~12 月龄牛 0.5 毫升	1 年
牛肺疫（牛传染性胸膜肺炎）	牛肺疫兔化藏系绵羊化弱毒冻干苗	肌内注射，先用 20% 铝胶生理盐水作 1∶100 稀释，成年牛 2 毫升，2 岁以下牛 1 毫升	1 年

（续表）

预防的疫病	疫苗名称	使用方法	免疫期
牛流行热	牛流行热油佐剂灭活疫苗	颈部皮下注射，每次每头牛4毫升，犊牛2毫升，二次免疫接种间隔3周	6个月

四、定期药物预防驱虫

牛的寄生虫种类多、分布广，常以一种极为隐蔽的方式影响牛的身体健康，且能招致并发症和继发病。其发生具有地方性、季节性流行特征，因此，加强预防尤为重要。下面提供预防肉牛寄生虫病的用药程序，供参考。3月，口服丙硫咪唑，驱杀体内由越冬幼虫发育而成的线虫、吸虫及绦虫成虫。5月，口服磺胺喹啉，预防夏季球虫病发生。6月，定期（可每周1次）用敌杀死等溶液喷雾进行环境消毒，以驱杀蚊蝇。7月，口服丙硫咪唑，防治夏季线虫、吸虫及绦虫感染。10月，阿维菌素口服或注射服用，预防当年10月至翌年3月间牛的疥癣、虱等体外寄生虫病的发生。同时，可杀灭体内当年繁殖的幼虫、成虫。

要求：注意查看药物使用说明，使用驱虫、杀虫药物剂量要准确。在进行大规模、大面积驱虫工作之前，必须先进行小群试验，取得经验并肯定其药效和安全性尤其是对妊娠的影响后，再开展全群的驱虫工作。

五、加强健康状况日常监控

肉牛饲养尤其是育肥过程中，精料用量较大且变化较为频繁，故容易出现营养代谢失调或紊乱，因此，要加强肉牛日常行为、状态等的观察，对肉牛的健康状况早监测、早判断，以预防疾病尤其是代谢疾病的发生。牛群的日常健康观察，重点内容包括以下几项。

1. 整体状态

如营养、体格与发育、精神、姿势等。

2. 鼻镜、被毛状况

健康牛鼻镜湿润并有水珠，被毛整洁、有光泽；病牛鼻镜常为干燥，甚至发生龟裂现象。被毛蓬乱、无光泽、易脱落，常见于营养不良和慢性消耗性疾病（如结核病等），局部被毛脱落，多见于湿疹、疥癣等病。

3. 呼吸状况

健康牛每次呼吸深度均匀，间隔时间相同。呼吸困难、咳嗽甚至伴有疼痛表现，是牛生病的表现。

4. 饮食欲状况

饮、食欲减少、废绝、不定或异嗜等，都有可能是营养代谢疾病引起的。出现流涎，采食、咀嚼、吞咽障碍时，应进一步进行口腔、咽及食道检查。

5. 腹部、胃肠的状态

左侧腹围明显增大，见于牛瘤胃臌气和瘤胃积食；右侧腹围明显增大，见于瓣胃阻塞、真胃积食；腹围缩小，见于长期饲喂不足、慢性消耗性疾病、长期下痢等。

6. 粪便、尿液的情况

健康牛牛粪较软，落地形成迭层状粪盘。若粪便中有硬结或片状粪块，见于瓣胃阻塞；粪便稀软，甚至水样，见于各种腹泻症；粪便混有黏膜，见于肠炎；粪便呈黑色，提示胃出血；粪球附有红色血液，是直肠出血。

健康牛尿色淡、透明、不混浊、无沉淀，几乎闻不到有何气味。如尿有氨味，见于膀胱炎；尿有腐臭味，见于尿路坏死腐败性炎症；尿有特殊烂苹果味，见于酮血病；尿色深，见于发热性疾病；尿混浊不透明，见于肾、膀胱炎症；尿色带红，见于肾、膀胱或尿路的出血性炎症等。

六、规范病牛隔离和病死牛的处理

按照规范要求，对病牛实施隔离和对病死牛进行无害化处理，是《中华人民共和国动物防疫法》的要求，是有效预防疾病传播和扩散的重要措施。

发现病牛要及时进行隔离，并严格消毒，对隔离的病牛要设专人饲养，使用专用的饲养工具，禁止接触健康牛群。对病死牛尸体要及时处理，严禁随意丢弃，严禁出售或作为饲料再利用。对病死牛无害化处理的方式有焚烧和掩埋。对死亡病牛的尸体用消毒液消毒后火烧或深埋，做销毁处理。掩埋地应远离学校、公共场所、居民住宅区、村庄、动物饲养场所和屠宰场所、饮用水源、河流等地区，填埋深度大于 2 米并密封。

第二节　卫生防疫和免疫接种

一、防疫工作的基本原则

（一）建立和健全牛场防疫制度和保健计划

兽医防疫工作与饲养、繁育工作密切相关，兽医工作者应熟悉各个环节，依据牛场的不同生产阶段特点，合理制定兽医保健防疫计划。

（二）坚持预防为主，采用综合性的防疫措施

搞好饲养管理、防疫卫生、预防接种、检疫、隔离、消毒等综合性防疫措施，以提高牛群的健康水平和抗病能力，控制和杜绝传染病的传播蔓延，降低发病率和死亡率。

（三）认真贯彻执行兽医法律法规

在疾病的防治中应严格按照《绿色食品兽药使用准则》《兽药管理条例》的规定用药。不得使用氟喹诺酮类、四环素类、磺胺类和人类专用抗生素等。在使用药物添加剂时，应先制成

预混剂再添加到饲料中，不得将成药或制药原料直接拌喂。对牛的预防接种必须明确该疾病已在该地发生过，而且在使用其他方法不能控制的情况下，方可采用预防接种。

（四）严格控制生态环境

生态环境优良，没有工业"三废"污染。大气环境标准必须符合大气环境质量标准 GB 3095—1996 中新国标一级要求；用水标准须按牛禽饮用水标准 NY 5027—2001 的要求。水无色透明，无异味，中性或微碱性，含有适度的矿物质，不含有害物质（如铅、汞等重金属，农药，亚硝酸盐）、病原体和寄生虫卵等；土壤不含放射性物质，有害物质（如汞、砷）不得超过国家标准。

（五）应用绿色环保饲养技术

饲养中应选用绿色环保饲养技术，如采用日粮氨基酸的水平和氨基酸平衡日粮，既不影响肉牛的生产性能，又减少粪尿氮量。使用植酸酶，可显著提高植酸磷和某些矿物质及蛋白质的消化吸收率，减少磷的添加量，从而减少粪便磷排出对环境的污染。使用酶制剂，使粪便中的臭气物质（氨气和硫化氢）减少，减轻对外环境的污染，改善牛舍卫生环境。添加植物提取物或 EM 生物制剂，减少牛舍的氨气的释放量，减少牛舍的臭气，减少夏季蚊蝇的密度，提高牛场周围环境空气质量。妥善处理和利用生产中的废弃物，走可持续发展之路。

二、防疫工作的基本内容

（一）日常预防措施

1. 防止疫病传播

（1）坚持"自繁自养"。必须调运牛群时，要从非疫区购买。购买前须经当地兽医部门检疫，购买的牛全身消毒和驱虫后方可引入。引入后继续隔离观察至少 1 个月，进一步确认健康后，再并群饲养。引入种牛时，必须对疯牛病、口蹄疫、结核病、布鲁氏菌病、蓝舌病、牛白血病、副结核病、牛传染性胸膜肺炎、牛传染性鼻气管炎和黏膜病进行检疫。引入育肥牛时，必须对口蹄疫、结核病、布鲁氏菌病、副结核病、牛传染性胸膜肺炎进行检疫。

（2）建立健全防疫制度。场外车辆、用具等禁止入场；谢绝无关人员进入；进入牛场时必须换鞋和穿戴工作服、帽；不从疫区和自由市场上购买草料；患有结核病和布鲁氏菌病的人不得从事饲养和挤奶工作；不准把生肉带入生产区，不允许在生产区内宰杀和解剖牛；消毒池内的消毒药水要定期更换，保持有效浓度。

（3）坚持消毒、灭鼠、杀虫。结合平时的饲养管理对牛舍、场地、用具和饮水等进行定期消毒，以达到预防一般传染病的目的。老鼠、蚊、蝇和其他吸血昆虫是病原体的宿主和携带者，能传播多种传染病和寄生虫病。清除牛舍周围的杂物、垃圾等，填平死水坑。开展杀虫、灭鼠工作。

（4）加强饲养管理，提高牛群抵抗力。健康牛群对疾病有较强的抵抗力，因此需要在日常管理中严格执行饲养管理制度，合理地饲喂，严禁饲喂霉烂的谷草、变质的糟渣、有毒的植物、带毒的饼粕，改善饲养环境，给予牛充分的饮水。

2. *严格消毒制度*

根据生产实际，制定消毒制度，严格执行，消毒制度包括预防性消毒、临时消毒和终末消毒。预防性消毒是结合平时的饲养管理对牛舍、场地、用具和饮水等进行定期消毒，以达到预防一般传染病的目的。临时消毒是发生传染病时，为了及时消灭刚从病牛体内排出的病原体而进行的消毒。终末消毒是患病动物解除隔离、痊愈或死亡后，或者在疫区解除封锁前为了消灭疫区可能残存的病原体而进行的全面彻底消毒。

3. *预防接种*

在预防接种时，首先了解当地传染病的发生和流行情况，针对所掌握的情况，制订出免疫接种计划，根据免疫接种计划进行免疫接种。如有输入和运出家畜时也可进行计划外的预防接种。预防接种前，应对被接种的牛群进行详细的检查，了解其健康状况、年龄、是否正处于妊娠期或泌乳期以及饲养管理好坏等，在牛处于最佳的健康状态时进行免疫接种。采用多联苗时，要根据多联苗的特点合理制定接种的次数和间隔时间，以获得最佳免疫效果。

4. 定期驱虫

应在发病季节到来之前，给牛群进行预防性驱虫。结合本地情况，选择驱虫药物。一般是每年春秋两季各进行一次全牛群的驱虫，平常结合转群时实施。犊牛在 1 月龄和 6 月龄各驱虫一次。驱虫前应进行粪便虫卵检查，弄清牛群内寄生虫的种类和危害程度，或根据当地寄生虫病发生情况，有针对性地选择驱虫药。驱虫过程中发现病牛，应及时进行对症治疗，解救出现毒副作用的牛。目前常用驱虫药有丙硫苯咪唑，每千克体重 10~15 毫克，驱牛新蛔虫、胃肠线虫、肺线虫；吡喹酮，每千克体重 30~50 毫克，驱牛血吸虫和绦虫；硫双二氯酚（别丁），每千克体重 40~50 毫克，驱肝片吸虫；血虫净（贝尼尔），每千克体重 5~7 毫克，配成 5%~7% 的溶液，深部肌注驱伊氏锥虫和牛焦虫；碘胺二甲嘧啶，每千克体重 100 毫克，驱牛球虫。

5. 药物预防

为了预防某种疫病，在牛群的饲料饮水中加入某种安全的药物进行预防，在一定时间内可以避免易感动物受害。长期使用化学药物预防，容易产生耐药性菌株，影响药物的预防效果。因此，要经常进行药敏试验，选择敏感性较高的药物用于防治。

（二）牛场发生疫病时的紧急措施

（1）早发现，早隔离。饲养人员在平时饲养过程中要留心观察牛群，发现疑似传染病的病牛时应马上告知兽医人员，并迅速将病牛和可疑牛进行隔离。

（2）早诊断，早确诊。兽医人员接到报告后，应迅速赶到现场进行诊断，采取综合性诊断措施，尽快确诊，迅速上报。病原不明或不能确诊时，应采集相关病料送有关部门检验。

（3）根据诊断结果，采取具体防治措施。

①对非传染性的内科病、外科病、营养代谢病等，根据不同疾病采取相应的治疗措施。

②对中毒性疾病，应立即停喂可疑的饲草、饮水、药物等，并采样进行相关检验，对病牛采取必要的解毒措施。

③对寄生虫病，应立即用抗寄生虫药物进行防治，并对粪便进行发酵处理，杀灭虫卵。

④发现疑似的急性传染病的病牛后，应及时将其隔离，并尽快确诊。对全群进行检疫，病牛隔离治疗或淘汰屠宰，对健康牛群进行预防接种或药物预防。被病牛和可疑病牛污染的场地、用具及其他污染物等必须彻底消毒，吃剩的草料、病牛圈的粪便及垫草应烧毁或进行无害化处理。病牛及疑似病牛的皮、肉、内脏和奶，根据规定分别经无害化处理后或利用或焚毁、深埋。屠宰病牛应在远离牛舍的地点进行，屠宰后的场地、用具及污染物，必须严格消毒。对于结核病、副结核病和布鲁氏菌病等慢性病，采取系列防疫措施，达到更新牛群的目的。

第三节　常见内科病防治

一、瘤胃臌气

1. 病因

瘤胃臌气是由于牛采食了过量的或质量较差、变质的饲草饲料，在瘤胃内发酵降解，产生大量的气体，使瘤胃臌胀，嗳气不畅，呼吸受阻。

2. 症状

瘤胃臌气可分为急性和慢性。发病的牛只瘤胃迅速臌胀，腹压增大，呼吸急促，血液循环加快。脉搏每分钟 100～120 次。结膜发绀，眼球突出。由于瘤胃壁痉挛性收缩，引起疼痛，病牛站立不安，盗汗；食欲消失，反刍停止。病重时瘤胃壁张力消失，气体聚积，呼吸困难，心力衰竭，倒地抽搐，窒息死亡。

3. 诊断

瘤胃臌气，又分气体性和泡沫性两种。气体性瘤胃臌气，叩诊牛左上腹发出明显的鼓响声，插入胃管可减缓臌气。泡沫性瘤胃臌气，口腔溢出泡沫状唾液，叩诊牛左上腹鼓响声不明显。

4. 治疗

（1）胃管治疗法。通过插入的胃管，可以先放气，然后再投放防瘤胃臌气的化合物。植物油（水：油比为 500：300）、聚炔亚炔可作为瘤胃抗泡沫剂。从胃管注入的化合物还可选用稀盐酸（10～30 毫升）、酒精（1：10）、澄清的石灰水溶液（1 000～2 000 毫升）、8% 氢氧化镁混悬溶液（600～1 000 毫升）、土霉素（250～500 毫升）、青霉素（100 万 IU）。

（2）套管针治疗法。用套管针穿刺瘤胃，迅速放出瘤胃内的气体，减缓臌胀，是一种急救治疗方法。使用套管针治疗时，要使套管针附在牛的腹壁上，注意要缓慢放气。待气体放完后，再注入治疗药物，之后可拔出套管针。

（3）口服药物法。灌服的药物有萝卜籽 500 克和大蒜头 200 克捣碎混合，加麻油 250 克；熟石灰 200 克，加熟的食用油 500 克；芋叶 250 克、食用油 500 克。

二、创伤性网胃炎

1. 病因

创伤性网胃炎是指牛采食过程中，金属等异物混在饲料中进入胃内，引起网胃—腹膜慢性炎症。这些异物如铁钉、铁丝、碎铁片、玻璃碴等，尖锐的异物随着网胃的收缩会刺穿胃壁，而发生腹膜炎。

2. 症状

食欲下降，瘤胃嗳气，出现臌气，反刍减少。网胃一旦穿孔，采食停止，粪便异常。由于网胃疼痛，弓腰举尾，行动缓慢。

3. 诊断

血液检测，白细胞和嗜中性粒细胞总数异常增加，淋巴细胞与嗜中性粒细胞数比值为 1.0∶1.7（正常牛为 1.7∶1.0）。可用 X 射线透视检查网胃。

4. 治疗

可肌内注射链霉素 5 克、青霉素 300 万 IU 稀释液；或内服磺胺二甲基嘧啶每千克体重 0.15 克，每天 1 次，连续 3~5 天。严重者进行瘤胃手术取出网胃异物。

三、胃肠炎

1. 病因

胃肠炎是由于胃肠黏膜组织发生炎症，可分为单纯性、传染性、寄生虫性和中毒性四类。经常饲用发霉变质的饲料容易引起胃肠炎。

2. 症状

胃肠黏膜组织出现化脓、出血、纤维化、坏死等。体温上升，腹痛伴随腹泻，粪便有黏液、血液迹象。

3. 治疗

应用琥珀酰磺胺噻唑、黄连素、酞磺胺噻唑等抗菌药物治疗。

四、瘤胃积食

1. 病因

采食大量粗纤维含量较高的饲料饲草引起牛的瘤胃积食。

2. 症状

瘤胃积食也称瘤胃阻塞、瘤胃食滞、急性瘤胃扩张，主要表现为无食欲，停止反刍，脱水，出现毒血症。

3. 治疗

向瘤胃内及时灌入温水，并进行适度按摩治疗。

五、前胃弛缓

1. 病因

前胃弛缓是由于牛的前胃兴奋性和收缩力失调，引起瘤胃内容物运转弛缓，致使消化不良。采食发霉变质的饲料、过度应激、低血钙也会引起前胃弛缓。

2. 症状

瘤胃蠕动减缓，无食欲，反刍次数减少，出现间歇性臌气。

3. 诊断

瘤胃内容物消化不良，瘤胃液 pH 值下降，小于 5.5（正常牛为 6.5~7.0）。

4. 治疗

低血钙所引起的前胃弛缓的治疗，可静脉注射 10%氯化钙溶液 100 毫升、20%安钠咖药液。对前胃弛缓的治疗，也可应用葡萄糖生理盐水 2 500~4 000毫升静脉注射。对继发性前胃弛缓的治疗，静脉注射 25%葡萄糖溶液 500~1 000毫升、40%乌洛托品溶液 20~40 毫升。

六、酸中毒

1. 病因

（1）脱缰偷食了大量的谷类饲料，如玉米、小麦、大麦、高粱、水稻等，或块茎块根类饲料，如甜菜、马铃薯、甘薯等；或酿造副产品，如酿酒后干谷粒、酒糟；或面食品，如生面团、馒头等。

（2）有的饲养员为了提高产奶量，连续多日过量增加精料。

2. 症状

（1）最急性型。一般在饲后 4~8 小时发病，精神高度沉郁，体弱卧地，体温低下，重度脱水。腹部显著膨胀，内容物稀软或水样。陷入昏迷状态后很快死亡。

（2）急性型。食欲废绝，反应迟钝，磨牙虚嚼。瘤胃臌满无蠕动音，触之有水响音，瘤胃液 pH 值 5~6，无存活的纤毛虫，排粪稀软酸臭，有的排粪停止。脉搏细弱，中度脱水，结膜暗红。后期出现明显的神经症状，步态蹒跚或卧地不起，昏睡乃至昏迷，若救治不及时或救治不当，多在发病 24 小时左右死亡。

（3）亚急性型。食欲减退或废绝，精神委顿，轻度脱水，结膜潮红。瘤胃中等度充满，收缩无力，触诊可感生面团样或稠糊样，瘤胃液的 pH 值 5.6~6.5，有一些活动的纤毛虫。有的继发蹄叶炎和瘤胃炎。

3. 治疗

（1）瘤胃冲洗中和酸度。常用石灰水洗胃和灌服，取生石灰 1 千克，加水 5 000 毫升，搅拌后静置 10 分钟，取上清液 3 000毫升，用胃管灌入瘤胃内，随后放低胃管并用橡皮球吸引，导出瘤胃的液状内容物。如此重复洗胃和导胃，直至瘤胃内容物无酸臭味而呈中性或弱碱性为止。

（2）补液补碱。5%碳酸氢钠 2 000~5 000毫升、葡萄糖盐水 2 000~4 000 毫升一次静脉注射。对危重病畜输液速度初期宜快。

（3）在洗胃后数小时，灌服石蜡油 1 000~1 500 毫升，也可在次日用中药"清肠饮"，验方为：当归 40 克、黄芩 50 克、二花 50 克、麦冬 40 克、元参 40 克、生地 80 克、甘草 30 克、玉金 40 克、白芍 40 克、陈皮 40 克，水煎后一次灌服。

（4）在病的后期静注促反刍液对胃肠机能恢复大有益处。

七、酮病

1. 病因

（1）原发性病因。大量喂给高蛋白质和高脂肪性精料而碳水化合物不足，营养不平衡，引起代谢紊乱。

（2）继发性病因。能使食欲下降的疾病如产后瘫痪、胎衣不下、乳房炎、前胃弛缓、真胃变位等，都可继发酮病。

2. 症状

高产奶牛多在产后 4~6 周发病，病初有神经症状，表现机敏和不安，流涎，不断舐食，磨牙，肩部、腹肋部肌肉抽搐。神情淡漠，反应迟钝。有的呈现过度兴奋、盲目徘徊或冲向障碍物。酮体可随挤乳、出汗、排尿、呼出气体等而发散畜舍，酷似醋酮或氯仿，似烂苹果味。厌食或偏食，产奶量急剧下降，消瘦，尿少，粪便干硬。血糖水平降至 1.12~2.24 毫摩尔/升（正常为2.8 毫摩尔/升）。血酮水平升至 100~1 000毫克/升（正常为 100 毫克/升以下）。

3. 治疗

（1）25% 葡萄糖液 1 000~2 000毫升、5%碳酸氢钠 500 毫升一次静脉注射，连用 3~5 天。

（2）用促肾上腺皮质激素（ACTH）200~600 国际单位肌内注射，每周 2 次。也可用醋酸可的松 0.5~1.5 克肌内注射，间隔 1~3 天再注射一次。

（3）口服葡萄糖溶液，最初用丙酸钠，后改为丙二醇，口服剂量 120~240 克，每天 2 次，连用 7~10 天。或用甘油 250 毫升连服 2~3 天。

（4）注射维生素 A、维生素 B_1、维生素 B_{12}，有助于本病的治疗。

第四节 常见繁殖疾病和产科疾病防治

一、胎衣不下

1. 病因

胎衣不下也称胎衣滞留，是指母牛产出胎儿 12 小时后胎衣仍未自行排出体外。胎衣在 3~8 小时自行排出体外为正常。流产、胎盘疾病炎症、应激早产、营养素不平衡等均能导致胎衣不下。

2. 症状

母牛产后 12 小时，胎衣仍未自行排出体外。有的一部分胎衣被排出后，另一部分中途断离滞留在子宫内。

3. 治疗

灌服该母牛分娩时的羊水，缓慢按摩乳房，使子宫收缩，排下胎衣。也可人工剥离胎衣，促使胎衣与胎盘分离。病情重时，可静脉注射葡萄糖液和钙补充液。为促使恶露排尽可肌内注射麦角新碱 20 毫升，也可按子宫炎疗法向子宫内注入抗生素溶液。

二、不孕症

1. 卵巢静止或萎缩

这种牛没有什么病症，只是不发情，即使是春季和秋季也无发情表现。要恢复其正常的繁殖机能，可采用如下疗法：注射促卵泡素（FSH）每次 300 万～600 万单位；注射妊娠后 50～100 天的母马血清 20～30 毫升；注射二酚乙烷 40～50 毫克。注射后第 2 天或第 3 天观察是否发情。这一次发情并不排卵，只是激活卵巢功能，下一个发情期才能排卵配种。

2. 卵泡囊肿

表现为性欲特别旺盛，常爬跨其他母牛，叫声像公牛，却屡配不孕。治疗时要强制做牵遛运动，进行卵巢按摩、激素疗法。肌内注射黄体酮，每次 50～100 毫克，每日或隔日 1 次，7～10 天见反应。肌内注射促黄体素 100～200 单位，用药 1 周后如无效时再做第 2 次治疗，直到囊肿消失为止。卵泡囊肿与黄体囊肿的治疗方法不同，应在直肠检查时予以区分。

第五节　主要传染病和寄生虫病防治

一、传染病

（一）口蹄疫

（1）临床症状。口蹄疫俗称"口疮"，其主要特征是口腔黏膜和蹄部皮肤发生水疱性疹。口蹄疫属于人兽共患疾病，是国家要求必须重点防控的疫病。牛口蹄疫可发生于任何季节，低温寒冷的冬季更为多见。本病的暴发有周期性的特点，每隔 1～2 年或 3～5 年流行 1 次。

（2）防控措施。牛口蹄疫的防控以疫苗预防为主。当牛场发生口蹄疫时，应当采取封锁、隔离、扑杀、销毁、消毒、无害化处理，不得对发病牛只采取治疗措施，对健康牛只实施紧急免疫接种（农业部 2009 年第 1246 号公告）。

污染的圈舍、饲槽、工具和粪便用 2%氢氧化钠溶液消毒。最后一头病牛出现 14 天后，无新病例出现，经彻底消毒，报请上级批准后解除封锁。

（二）布鲁氏菌病

（1）临床症状。布鲁氏菌病是一种侵害生殖系统和关节的人兽共患的慢性传染病。怀孕母牛流产是本病的主要症状，流产后常伴有胎盘滞留。流产常发生于怀孕后期，即母牛怀孕后的 5~8 个月。布鲁氏菌病与结核病一起，简称"两病"，是国家规定的重点检疫和防控对象。

（2）防控措施。春秋两季分别进行一次全群布鲁氏菌病的检疫，淘汰阳性牛是国家规定的防控布鲁氏菌病的主要方法。当牛场发生布鲁氏菌病时，应采取封锁、隔离、扑杀、销毁、消毒、无害化处理，不得对发病牛只进行治疗。对污染的圈舍、饲糟、工具和粪便等实施彻底消毒。

（三）结核病

（1）临床症状。结核病的主要特征是病牛逐渐消瘦，在组织器官内形成结核结节和干酪样坏死，形成空洞或钙化。有肺结核、乳房结核、肠结核、淋巴结核、生殖器结核等，其中以肺结核最为常见。

（2）防控措施。牛场每年春秋两季进行 1 次结核病检疫，对阳性反应病牛实施淘汰处理，这是牛场防控结核病的主要措施。对发生结核的病牛，通常直接扑杀淘汰，不采取治疗措施。

（四）巴氏杆菌病

（1）临床症状。牛巴氏杆菌病又称为牛出血性败血症，简称牛出败。是由多杀性巴氏杆菌引起的一种急性热性传染病，常以高温（41~42℃）、肺炎、急性胃肠炎及内脏器官广泛性出血为特征。受寒感冒、过度疲劳、长途运输、突换饲料等应激因素都容易引发本病的发生。

临床上有败血型、浮肿型和肺炎型 3 种类型。败血型表现为鼻孔中流出血样泡沫，下痢时初为粥状，后呈液状，混有黏液或血液，具恶臭味；浮肿型主要表现在头颈部和胸前肉垂处迅速出现炎症水肿，口腔黏膜红肿干热，舌肿大，呼吸与吞咽困难，流泪、流涎；肺炎型主要表现为纤维素性胸膜肺炎的症状，病牛呼吸困难，痛苦干咳，鼻孔流出泡沫鼻汁，后呈脓性。

（2）防治措施。青霉素类、链霉素类、四环素类及磺胺类药物对治疗巴氏杆菌病敏感。青霉素和链霉素各100万单位同时注射，每天2次，效果良好。同时还应注意对症治疗。

加强运输管理，减少运输应激，是预防新引入牛只发生该病的重要手段。

（五）附红细胞体病

（1）临床症状。牛附红细胞体病是由附红细胞体寄生于红细胞表面或游离于血浆、组织液及脑脊液中，引起发热、溶血性贫血的一种人畜共患病。该病一年四季都会发生，春、夏季居多。成年牛较易发病，其主要传播途径为垂直传播（母传子）、间接传播（蚊虫叮咬），并且目前尚无一种药物可以将牛体内的附红细胞体完全清除，所以此病较易反复，治疗难度较大。

（2）防治措施。症状轻微能自由采食的，可以饲喂抗附红细胞体药物，如第二代血虫杀、强力焦虫片等药物。病情严重的，必须注射药物。如静脉注射四环素8毫克/千克，2次/天，连用3天；贝尼尔，稀释成5%，肌内注射5毫克/千克，1次/天，连用3天。同时，采取补液、强心、消炎、健胃、增强机体抵抗力的治疗措施。

如果在牛产犊后发病，在治疗附红细胞体病的同时，一定要注意牛的乳房及子宫是否有炎症，在炎热的夏季应特别注意。

（六）传染性牛支原体肺炎（烂肺病）

（1）临床症状。肉牛支原体肺炎的发生与长途运输应激密切相关。长途运输、通风不良、过度拥挤、天气突变、贼风侵袭、较差的饲养管理，以及主要营养物质如蛋白质、维生素A缺乏等，均是这种牛病发生的重要诱因。

肉牛从外地引进后短期内就发病。病初体温升高，42℃左右，持续三四天。结膜发炎，流泪，眼角附有黏性分泌物，角根发热，口流长丝状涎液，牛群食欲差，被毛粗糙，消瘦。有的牛前肢开张，咳嗽，气喘，清晨及半夜咳嗽加重，有清亮或脓性鼻液。有的牛继发腹泻、臌气，粪水样带血，有的病牛出现关节炎和角膜炎。所有牛均可发病，但犊牛病情更为严重。

（2）防治措施。购牛前认真做好疫情调查，尽量减少远距离运输，不从疫区或发病区引进肉牛。运输前做好牛支原体、牛结核、泰勒氏焦虫等病的检疫检测。引进牛后应隔离观察30~45天，确保无病后方可与健康牛混群。

对病牛要及早诊断和治疗。治疗一般选择阿莫西林、泰乐菌素、替米考星、支原净、沃尼苗林等药物静脉注射。根据使用的药物和治疗效果，治疗应持续3~5天。在病牛急性发作期还可使用类固醇药物，如地塞米松、氟米松等，促进病畜采食和康复。考虑到牛泰勒氏焦虫感染率高，可配合使用咪唑苯脲或贝尼尔进行治疗。

此外，对发生疫病的养牛场要实行封锁，防止疫情扩散。牛场及周围环境每天消毒1次，加强对病死牛及污染物、病牛排泄物的无害化处理。

［小贴士］

传染病流行必须具备的3个条件

传染病流行必须同时具备3个条件：传染源、传播途径和易感动物。缺少其中任何一个环节，传染病就流行不起来。所以，传染病的预防措施有3个：控制传染源、切断传播途径、保护易感动物。

二、寄生虫病

（一）焦虫病（梨形虫病）

（1）临床症状。焦虫病（梨形虫病），主要为双芽巴贝斯焦虫、牛巴贝斯焦虫、环形泰勒焦虫和瑟氏泰勒焦虫几种。本病的发生，与其中间宿主蜱的季节性出没有关，多在夏季出现。主要表现为高热（40~41.8℃）、贫血、黄疸及特征性血红蛋白尿（巴贝斯焦虫），尿呈红色乃至酱油色。重症病牛发生痉挛，卧地不起，头弯向一侧，先下痢后便秘，粪便中带有恶臭的黏液及血液。

（2）防治措施。根据流行地区蜱的活动规律，实施有计划、有组织的灭蜱措施。常用的灭蜱药有马拉硫磷、0.2%辛硫磷、0.25%倍硫磷乳剂。

在本病流行地区，输入或外运牛应选择无蜱活动季节，并进行药物灭蜱处理2~4次。外运的牛，还必须进行检查，发现血液中有虫体时，应用抗肝片吸虫药进行治疗，以免将病原体传出。输入的牛最好也应用咪唑苯脲进行药物预防。

治疗常用的特效药有：咪唑苯脲配成10%溶液，肌内注射，剂量为每千克体重2毫升；三氮脒（贝尼尔、血虫净）配成5%~7%溶液，深部肌内注射，剂量为每千克体重3.5~3.8毫升；硫酸喹啉脲配成5%水溶液皮下或肌内注射，每千克体重剂量为2.0毫升。个别牛有副作用，必要时用阿托品解救。

除应用特效药物杀灭虫体外，还应针对病情进行健胃、强心、补液等对症治疗。

（二）球虫病

（1）临床症状。犊牛多发，多呈急性经过，病程10~15天。病牛表现被毛粗乱，精神沉郁，结膜苍白，消瘦，食欲减退或废绝。喜卧，行走摇摆，排出深褐色恶臭的稀粪或完全呈血样的粪便，大便失禁，臀部、尾根、肛门周围常被血粪污染。病初体温有时达39℃，有时正常；1周后，体温升高至40~41℃。死亡病例，后期极度衰弱，卧地不起，体温下降，粪便中伴有脱落的纤维素性薄膜（似肠黏膜）。

（2）防治措施。牛舍及运动场每天清扫，将垫草及粪便定点堆放进行消毒，每周用3%~5%热火碱水消毒地面、饲槽1次；保持牛舍环境清洁干燥；饲料及饮水避免被粪便等污物污染，不要突然改变饲料；加强药物预防，注意按规定剂量和时间用药，防止产生耐药性，并要有记录。常用药物主要有氨丙林、磺胺类药和抗菌增效剂等。

本病治疗可选择百球清（甲基三嗪酮、妥曲珠利、Baycox），按每毫升 2.5% 百球清加水 1 000 毫升比例饮水，连饮 2 天；或者百球清每千克体重 0.28 毫升，每天在 8～24 小时饮完，连饮 2 天。同时，注意采取强心、补液、补充维生素 B_{12}、应用止血药等辅助治疗。

（三）螨虫病

（1）临床症状。螨虫病大多发生于秋末冬初至春末夏初这段时间。畜舍及环境阴冷、潮湿是本病发生的重要条件。此病以剧痒、湿疹性皮炎、脱毛和具有高度传染性为特征。多发生于眼眶、嚼肌部及颈部，患部有小秃斑，皮肤增厚。

（2）防治措施。平时要保持牛舍卫生、干燥，定期消毒。引入牛只要隔离观察，确认无病后方可并群。发现病牛及时隔离治疗。治疗可采用体表涂药、药浴、药物注射及口服药物等措施。

涂药治疗适用于牛的数量少、患部面积小及冬季，常用药物有螨净、敌杀死、50% 牛癣净溶液等，宜现配现用。

药浴既可用于治疗，也可用于预防，适用于牛群数量多和温暖季节。常用药物有 0.05% 辛硫磷，0.25% 蝇毒磷，0.1% 杀虫脒水溶液等。用药后防止舔食，以免中毒。

药物注射，可选择阿维菌素，商品名为阿福丁（虫克星），可用其 1% 浓度针剂，每 10 千克体重 0.2 毫升颈部皮下注射（不可肌内注射）；或 20% 碘硝酚，每千克体重 10 毫克，即每千克体重 0.05 毫升，颈部皮下注射。

口服药物，主要是虫克星，即 0.2% 阿维菌素粉剂，每 10 千克体重 1 克拌于饲料中喂饲或灌服，也可采用其片剂（2 毫克/片），每 10 千克体重 1 片，内服。

（四）牛皮蝇蛆病

（1）临床症状。成蝇在夏季出现。经常发现雌蝇向牛体产卵。病牛高度不安，消瘦、贫血，呈现喷鼻、蹶踢、瘙痒、疼痛、奔跑。背部皮下发生硬肿，皮肤穿孔处可挤出幼虫，有血液或脓汁流出。

（2）防治措施。每年5—7月，每隔半月向牛体喷洒1次0.1%敌百虫溶液，防止皮蝇产卵。

经常检查牛背，发现皮下有成熟的肿块时，用针刺死其内的幼虫，或用手挤出幼虫踩死，伤口处涂碘酒。同时，可用药物驱虫。蝇毒磷，采用其25%浓度的针剂，每千克体重5~10毫克，肌内注射；或倍硫磷，每千克体重4~10毫克，肌内注射。也可用药物直接涂擦患部，用刷子反复涂擦，使药液与皮肤充分接触。

（五）肝片吸虫病

（1）临床症状。肝片吸虫以椎实螺为中间宿主，寄生于牛的肝胆管内，冬季、春季多发。本病多呈慢性经过。1~2岁的犊牛症状较明显，成年牛一般不表现症状。患牛日渐消瘦，被毛粗乱易脱落。食欲下降，反刍无力，前胃弛缓或膨胀，腹泻，行走无力，黏膜苍白，后期下颌及胸下水肿，触诊有波动感或面团感，但不热不痛。病牛贫血，如不及时治疗，可因衰竭或恶病质而死亡。

（2）防治措施。粪便发酵处理，杀死虫卵；消灭其中间宿主椎实螺；定期驱虫，集中在春秋两季进行。

治疗方法是药物驱虫，硝氯酚（拜耳9015）为治疗片形吸虫病的特效药，每千克体重3~8毫克，灌服或拌入饲料中口服，也可采用其针剂每千克体重0.5~1毫克，深部肌内注射。

三、消化代谢障碍疾病

（一）前胃弛缓

（1）临床症状。食欲突然减退，反刍次数减少；牛粪呈块状或索状，上附黏液；严重时病牛脱水、酸中毒、卧地不起，牛粪呈黄绿色水样。

（2）防治措施。在饲喂高能日粮或糟渣类饲料较多时，每头每天补喂瘤胃素 200~300 毫克，不喂霉败、冰冻等质量不良的饲料，防止突然变换饲料。

治疗方法，主要采取洗胃、补液强心等措施。洗胃液用 4%碳酸氢钙或 0.9%的食盐溶液。洗胃后用 5%的葡萄糖生理盐水 1 000~3 000 毫升，20%葡萄糖溶液 500 毫升，5%碳酸氢钙液 500 毫升，20%安钠咖 10 毫升，一次静脉注射。

（二）瘤胃积食

（1）临床症状。体温一般在正常范围，病牛反刍减少或停止，食欲不振，鼻镜干燥，有时出现腹痛不安，后蹄踢腹，粪便迟滞，干少色暗。触诊瘤胃胀满、坚实，重压成坑。听诊瘤胃蠕动音减弱或消失。严重时呼吸困难，可视黏膜发绀。

（2）防治措施。防止过食，避免突然更换饲料，粗饲料要适当加工软化后再喂。食后饮水适量。

治疗时，轻症的，可按摩瘤胃，每次 10~20 分钟，1~2 小时按摩 1 次，并结合按摩灌服大量温水。也可内服泻剂，如硫酸镁或硫酸钠 500~800 克，加松节油 30~40 毫升，加水 5~8 升，一次内服；或液状石蜡 1~2 升，一次内服；或盐类泻剂与油类泻剂并用。当出现脱水、中毒时，用葡萄糖生理盐水 1 500 毫升，5%碳酸氢钙 500 毫升，25%葡萄糖 500 毫升，10%安钠咖 20 毫升混合静注。

重症而顽固的瘤胃积食，应用药物保守疗法不见效果时，可行瘤胃切开手术治疗。

（三）瘤胃臌气

（1）临床症状。病牛精神不安，无食欲；腹围增大，左侧肷部隆起，甚至高出腰角；病牛腹痛，后肢踢腹；触诊肷部紧张而有弹性，叩诊呈鼓音。随病情加剧，呼吸越来越困难，可视黏膜发绀。继发性瘤胃臌胀，先有原发病表现，后逐渐呈现瘤胃膨胀症状。

（2）防治措施。禁止过食大量易发酵饲料、霜露饲料及发霉变质饲料。

治疗时，首先排气减压：轻症病牛，可将牛牵到前高后低的斜坡上，将涂有松馏油或大酱的小木棒横衔于口中，用绳拴在角上固定，使牛口张开，不断咀嚼，促进嗳气。重症病牛，立即插入胃管排气或用套管针在左肷窝部进行瘤胃穿刺放气急救。放气时要缓慢进行，以免放气过快而发生贫血导致昏迷。

排气后灌服泻剂，促进发酵物排出。如硫酸镁 500~800 克或人工盐 400~500 克，福尔马林 20~30 毫升，加水 5~6 升，一次内服；或液状石蜡 1~2 升，鱼石脂 10~20 克，温水 500~1 000克，一次内服。

制止瘤胃内容物发酵，可用烟叶末 100 克，菜油 250 毫升，松节油 40~50 毫升，加水 500 毫升，一次内服；熟石灰 100~150 克，菜油 250 毫升，油煮沸，加入石灰去沫，候温灌服；或口服消泡剂（聚合甲基硅油）30~60 片。

为恢复瘤胃机能，可选用兴奋瘤胃蠕动药物，如苦味酊 60 毫升，稀盐酸 30 毫升，番木鳖酊 15~25 毫升，酒精 100 毫升，加水 500 毫升，一次内服；盐酸毛果芸香碱 40~60 毫升，皮下注射。

（四）瘤胃酸中毒

（1）临床症状。病牛精神沉郁，可见黏膜潮红或发绀，食欲废绝，流涎，口腔有酸臭味。粪便稀软，具酸臭味。排尿减少或停止。有的病例精神兴奋，狂躁不安，盲目运动或作圆周运动。病至后期多卧地不起，角弓反张，眼球震颤，最后昏迷而死亡。

（2）防治措施。不得突然大量饲喂谷物精料。管理好牛只和饲料，防止牛只偷食精料。饲喂青贮饲料时要注意搭配优质干草。精料比例高时可加入缓冲剂，如加入 1%碳酸氢钠。病牛治疗，可采取制止瘤胃继续产酸、解除酸中毒、补液强心等措施。

制止瘤胃继续产酸：用1%氯化钠液或1%碳酸氢钠液反复洗胃，直至瘤胃液呈碱性为止。解除酸中毒：可静脉注射5%碳酸氢钠溶液1~2升。脱水严重时，及时补液，可用20%硫代硫酸钠溶液100毫升，静脉注射。强心剂：20%安钠咖溶液10~20毫升，静脉或肌内注射。

对于严重的瘤胃酸中毒病牛，可行瘤胃切开手术，直接取出瘤胃内溶液。能同时移入健康牛瘤胃内溶物，则效果更好。

第六节　疫苗及药品的管理和使用

一、疫苗的管理和使用

肉牛产业迅速发展，市场不断扩大，但与此同时，肉牛养殖业的防疫形势也日益严峻。要想获得理想的养殖效益，除了搞好日常饲养管理外，养殖户还需重视了解当地肉牛生产的疫情特点，制定实用可靠的免疫程序，严防肉牛发生重大疫病。在对牛群进行免疫前，必须充分熟悉常用疫苗的物理特性、使用方法和注意事项。

（一）牛瘟兔化活疫苗

疫苗特性。鲜红色、细致均匀的乳液，静置后下部稍有沉淀，但不至于阻塞针孔。冻干苗为暗红色海绵状疏松团块，易与瓶壁脱离，加稀释液迅速溶解成红色均匀混悬液。接种后14天产生坚强免疫力，免疫保护期1年。

使用方法。皮下或肌内注射。液体苗用前摇匀，不论年龄、体重、性别，一律注射1毫升。冻干苗按瓶签标示用生理盐水稀释，不分年龄、体重、性别，一律注射1毫升。

注意事项。随配随用，暗处保存且不能超限，15℃以下，24小时有效；15~20℃，12小时有效；21~30℃，6小时有效。

临产前 1 个月的孕牛、分娩后尚未康复的母牛，不宜使用；个别地区有易感性强的牛种，应先做小区试验，证明安全有效后方可推广使用。

（二）抗牛瘟血清

疫苗特性。黄色或淡棕色澄明液体，久置瓶底微有灰白色沉淀。抗牛瘟血清属于免疫血清，注射后很快就能起保护作用，但只能用于治疗或紧急预防牛瘟。免疫保护期很短，只有14 天。

使用方法。肌内或静脉注射。预防量，100 千克以下的牛，每头注射 30~50 毫升；100~200 千克的牛，每头注射 50~80 毫升；200 千克以上的牛，每头注射 80~100 毫升。治疗量加倍。

注意事项。2~15℃阴冷干燥处保存，有效期 4 年。禁止冷冻保存。用注射器吸取血清时，不能把瓶底的沉淀摇起。治疗时，采用静脉注射疗效较好，若皮下注射或肌内注射剂量大，可分点注射。为防止发生过敏反应，可先少量注射，观察 20~30 分钟无反应后，再大量注射。若发生过敏反应，可皮下或静脉注射 0.1%肾上腺素 4~8 毫升。

（三）口蹄疫疫苗

牛用口蹄疫疫苗有活疫苗和灭活苗两种，即口蹄疫 O 型、A型活疫苗和牛 O 型口蹄疫灭活疫苗。

（1）口蹄疫 O 型、A 型活疫苗。疫苗特性。暗红色液体，静置后瓶底有部分沉淀，振摇后成均匀混悬液。注苗后 14 天产生免疫力，免疫保护期 4~6 个月。

使用方法。充分振摇后皮下或肌内注射。12~24 月龄的牛每头注射 1 毫升；24 月龄以上的牛每头注射 2 毫升。经常发生口蹄疫的地区，第一年注射 2 次，以后每年注射 1 次即可。

注意事项。−12℃以下冷冻保存，有效期 1 年；−6℃阴冷干燥处保存，有效期 5 个月；20~22℃阴暗干燥处保存，有效期 7个月。12 月龄以下的牛不宜注射。防疫人员的衣物、工具、器械、疫苗瓶等，都要严格消毒处理。注苗后的牛应控制14天，不得随意移动，以便进行观察，也不得与猪接触。接种后若有多数牛发生严重反应，应严格封锁，加强护理。

（2）牛口蹄疫灭活疫苗。疫苗特性。略带红色或乳白色的黏滞性液体，用于牛O型口蹄疫的预防接种和紧急免疫。免疫保护期6个月。

使用方法。肌内注射，1岁以下的牛，每头注射2毫升；成年牛每头注射3毫升。

注意事项。在4~8℃阴暗条件下保存，有效期10个月。防止冻结，严禁高温及日光照射。其他同口蹄疫活疫苗。

（四）牛副伤寒灭活菌苗

疫苗特性。静置时上部为灰褐色澄明液体，下部为灰白色沉淀物，振摇后成均匀混悬液。用于预防牛副伤寒及沙门氏菌病。注射后14天产生免疫力，免疫保护期为6个月。

使用方法。1岁以下的小牛肌内注射1~2毫升，1岁以上的牛注射2~5毫升。为增强免疫力，对1岁以上的牛，在第一次注射10日后，可用相同剂量再注射一次。孕牛产前1.5~2个月注射，新生犊牛应在1~1.5月龄时再注射一次。已发生副伤寒的牛群，2~10日龄犊牛可肌内注射1~2毫升。

注意事项。疫苗在2~15℃冷暗干燥处保存，有效期1年。严禁冻结保存，使用前充分摇匀。病弱牛不宜使用。注射局部会形成核桃大硬结肿胀，但不影响健康。

（五）牛巴氏杆菌病灭活菌苗

疫苗特性。静置后上层为淡黄色澄明液体，下层为灰白色沉淀，振摇后成均匀乳浊液。主要用于预防牛出血性败血症（牛巴氏杆菌病）。注射后20日产生可靠的免疫力，免疫保护期9个月。

使用方法。皮下或肌内注射，体重100千克以下的牛，注射4毫升，100千克以上的牛，注射6毫升。

注意事项。2~15℃冷暗干燥处保存，有效期1年；28℃以下阴暗干燥处保存，有效期9个月。用前摇匀，禁止冻结。病弱牛、食欲或体温不正常的牛、怀孕后期的牛，均不宜使用。注射部位有时会出现核桃大硬结，但对健康无影响。

（六）牛肺疫活菌苗

疫苗性状。液体苗为黄红色液体，底部有白色沉淀；冻干苗为黄色、海绵状疏松团块，易与瓶壁脱离，加稀释液后迅速溶解成均匀混悬液。用于预防牛肺疫（牛传染性胸膜肺炎）。免疫保护期1年。

使用方法。用20%氢氧化铝胶生理盐水稀释液，按1：500倍稀释，为氢氧化铝苗；用生理盐水，按1：100倍稀释，为盐水苗。氢氧化铝苗臀部肌内注射，成年牛2毫升，6~12个月小牛1毫升。盐水苗尾端皮下注射，成年牛1毫升，6~12个月小牛0.5毫升。

注意事项。0~4℃低温冷藏，有效期10天；10℃左右的水井、地窖等冷暗处保存，有效期7天。已稀释的疫苗必须当日用完，隔日作废。半岁以下犊牛、临产孕牛、瘦弱或有其他疾病的牛不能使用。

（七）布鲁氏菌病19号活疫苗

疫苗特性。白色或淡黄色、海绵状疏松团块，易与瓶壁脱离，加入稀释剂后，迅速溶解成均匀的混悬液。用于预防牛的布鲁氏菌病，只用于母牛。注射后1个月产生免疫力，免疫保护期6年。

使用方法。应在6~8月龄（最迟1岁以前）注射1次。必要时，在18~20月龄（即第一次配种期）再注射1次。颈部皮下注射5毫升。使用时，先用消毒后的注射器注入灭菌缓冲生理盐水，轻轻振摇成均匀混悬液，再用注射器将其移置于灭菌瓶中，按照瓶签标明的剂量加入适量生理盐水，稀释至每毫升含活菌120亿~160亿个。

注意事项。在 0～8℃冷暗干燥处保存，有效期 1 年。仅用于 1 岁以下、布鲁氏菌病血清学或超敏反应阴性牛，1 岁半以上的牛（尤其是怀孕牛、泌乳牛）、病弱牛禁止使用。稀释后当日用完，严禁日晒。注射后数日内会出现体温升高、注射部位轻度肿胀，但不久即消失。严格操作程序，搞好个人防护，防止污染水源。

（八）牛环形泰勒虫活虫苗

疫苗特性。在 4℃冰箱内保存时，呈半透明、淡红色胶冻状；在 40℃温水中融化后无沉淀、无异物。疫苗有 100 毫升、50 毫升，20 毫升瓶装，每毫升内含 100 万个活细胞。用于预防牛环形泰勒虫病。注射后 21 天产生免疫力，免疫保护期 1 年。

使用方法。用前在 38～40℃温水内融化 5 分钟，振摇均匀后注射。不论年龄、性别、体重，一律在臀部肌内注射 1～2 毫升。

注意事项。疫苗在 4℃冰箱内保存期为 2 个月，最好在 1 个月内使用。开瓶后应在当日内用完，过日作废。注苗后 3 日内，可能产生轻微体温升高和不适表现，这属于正常反应。

二、药品的使用

（一）瘤胃素

是一种生物性的化合物，能促进肉牛增重的饲料添加剂。目前使用的制剂为瘤胃素钠，每千克饲料添加 5.5～33 毫克。每头牛日喂 50～360 毫克。

（二）碳酸氢钠

又称小苏打，是奶牛常用的缓冲化合物添加剂。奶牛泌乳期，每头奶牛日粮中添加 10 克碳酸氢钠，试验组牛比对照组牛每头多产奶 2～3 千克，奶的质量亦提高。

（三）醋酸钠

将制剂醋酸钠按 1 升奶加 30～35 克的比例，与精饲料或甘草粉混合后饲喂奶牛，可使每头牛日产奶提高 0.7～1.2 千克，乳脂率提高 0.16%～0.21%。

（四）多犊锭

这种添加剂对奶牛、肉牛犊牛有明显的促进生长作用，并能提高奶牛发情受胎率及种公牛的精液品质和奶牛产奶量。其使用量为每吨配合料添加 100～150 克，也可按每头牛每日每千克体重 2～6 毫克添加。添加时应与精料拌匀，现拌现喂。

（五）刺五加

主要应用刺五加浸出液，在泌乳牛饮水中添加，剂量为每千克体重 0.1 毫克。

（六）丙酸钠

是一种适用于小公牛的能量添加剂。日粮中添加丙酸钠（占饲料量的 3%），可提高牛的能量营养水平，日增重可达 1 200～1 300克，小公牛 15～16 月龄体重可达 490 千克。

第七节　隔离和病死牛的处理

一、隔离

通过各种检疫的方法和手段，将病牛和健康牛分开，分别饲养，其目的为了控制传染源，防止疫情继续扩大，以便将疫情限制在最小的范围内就地扑灭，同时也便于对病的治疗和对健康牛开展紧急免疫接种等防疫措施。隔离的方法根据疫情和牛场的具体条件不同而有别，一般可划分为三类，应区别对待。

（1）病牛。包括有典型症状或类似症状，或经其他特殊检查阳性的牛是危险的传染源，若是烈性传染病，应根据有关规程条例规定认真处理。若是一般疾病则进行隔离，少量病牛应将病牛剔出隔离，若是数量较多，则将病牛留在原舍，对可疑感染牛进行隔离。

（2）可疑感染牛。未发现任何症状，但与病牛同舍或有过明显的接触，可能有的已处于潜伏期，也要隔离，进行药物防治或其他紧急防疫措施。

（3）假定健康牛。除上述两类外，牛场内其他牛只均属假定健康牛，也要注意隔离，加强消毒，进行各种紧急防疫。

二、封锁

当牛场暴发某些重要的烈性传染病时，如口蹄疫、炭疽、狂犬病等应严格进行封锁，限制人、动物和其他产品进出牛场，对牛群进行无害化处理，环境彻底消毒。

以上是对一般牛场而言，若是大型牛场或种牛场即使在无疫病流行的情况下，平时也应与外界处于严密的封锁和隔离状态。

三、病死畜无害化处理

肉牛场的病死牛无害化处理主要是指对病牛尸体或其组织脏器、污染物和排泄物等消毒后，用深埋或焚烧等方法进行无害化处理的方式，目的是防止病原体传播。

（一）深埋

1. 选择地点

应选择地势高燥、远离牛场（100 米以上）、居民区（1 000 米以上）、水源、泄洪区、草原及交通要道，避开岩石地区，位于主导风向的下方，不影响农业生产，避开公共视野。

2. 挖坑

（1）挖掘及填埋设备。挖掘机、装卸机、推土机、平路机和反铲挖土机等，挖掘大型掩埋坑的适宜设备应是挖掘机。

（2）修建掩埋坑。掩埋坑的大小取决于机械、场地和所须掩埋物品的多少。深度 2~7 米，宽度应能让机械平稳地水平填埋处理，长度则应由填埋尸体的多少来定。坑的容积大小一般不小于动物总体积的 2 倍。

3. 掩埋

（1）坑底处理。在坑底洒漂白粉或生石灰，用量可根据掩埋尸体的量确定（0.5~2.0 千克/平方米），掩埋尸体量大的应多加，反之可少加或不加。

（2）尸体处理。动物尸体先用 10% 漂白粉上清液喷雾（200 毫升/平方米），作用 2 小时。

（3）入坑。将处理过的动物尸体投入坑内，使之侧卧，并将污染的土层和运尸体时的有关污染物如垫草、绳索、饲料和其他物品等一起入坑。

（4）掩埋。先用 40 厘米厚的土层覆盖尸体，然后再放入未分层的熟石灰或干漂白粉 20~40 克/平方米（2~5 厘米厚），然后覆土掩埋，平整地面，覆盖土层厚度不应少于 1.5 米。

（5）设置标识。掩埋场应标识清楚，并得到合理保护。

（6）场地检查。应对掩埋场地进行必要的检查，以便在发现渗漏或其他问题时及时采取相应措施。在场地可被重新开放载畜之前，应对无害化处理场地再次复查，以确保对牲畜的生物和生理安全。复查应在掩埋坑封闭后 3 个月进行。

4. 注意事项

石灰或干漂白粉切忌直接覆盖在尸体上，因为在潮湿的条件下熟石灰会减缓作用；任何情况下都不允许人到坑内去处理尸体。

掩埋工作应在现场督察人员的指挥、控制下，严格按程序进行，所有工作人员在工作开始前必须接受培训。

（二）焚烧

焚烧法处理病死牛尸体费钱费力，只有在不适合用掩埋法处理尸体时采用。焚化可采用的方法有：柴堆火化、焚化炉和焚烧窑等，这里主要介绍常用的柴堆火化法。

1. 选择地点

应远离居民区、建筑物、易燃物品，上面不能有电线、电话线，地下不能有自来水、燃气管道，周围有足够的防火带，位于主导风向的下方，避开公共视野。

2. 准备火床

（1）"十"字坑法。按"十"字形挖两条坑，其长、宽、深分别为2.6米、0.6米、0.5米，在两坑交叉处的坑底堆放干草或木柴，坑沿横放数条粗湿木棍，将尸体放在架上，在尸体的周围及上面再放些木柴，然后在木柴上倒些柴油，并压以砖瓦或铁皮。

（2）单坑法。挖1个长、宽、深分别为2.5米、1.5米、0.7米的坑，将取出的土堆堵在坑沿的两侧。坑内用木柴架满，坑沿横架数条粗湿木棍，将尸体放在架上，以后处理同上。

（3）双层坑法。先挖1条长宽各2米、深0.75米的大沟，在沟的底部再挖1条长2米、宽1米、深0.75米的小沟，在小沟沟底铺以干草和木柴，两端各留出18~20厘米的空隙，以便吸入空气，在小沟沟沿横架数条粗湿木棍，将尸体放在架上，以后处理同上。

3. 焚烧

把尸体横放在火床上，尸体背部向下而且头尾交叉，尸体放置在火床上后，可切断四肢的伸肌腱，以防止在燃烧过程中肢体的伸展。当尸体堆放完毕且气候条件适宜时，用柴油浇透木柴和尸体。用煤油浸泡的破布引火，保持火焰的持续燃烧，在必要时要及时添加燃料。焚烧结束后，掩埋燃烧后的灰烬，表面撒布消毒剂。填土高于地面，场地及周围要消毒，设立警示牌；最后检查一遍。

4. 注意事项

点火前所有车辆、人员和其他设备都必须远离火床，点火时应顺风向点火。进行焚烧时应注意安全，须远离易燃易爆物品，以免引起火灾和人员伤害。运输器具应当消毒。焚烧人员应做好个人防护。焚烧工作应在现场督察人员的指挥、控制下，严格按程序进行，所有工作人员在工作开始前必须接受培训。

第六章　肉牛场环境控制

第一节　环境与肉牛生产的关系

一、温热环境

（一）温度

牛舍气温的高低直接或间接影响牛的生长和繁殖性能。牛的适宜环境温度为 5～21℃。牛在高温环境下，特别是在高温高湿条件下，机体散热受阻，体内蓄热，导致体温升高，引起中枢神经系统功能紊乱而发生热应激，肉牛主要表现为体温升高、行动迟缓、呼吸困难、口舌干燥、食欲减退等症状，降低机体免疫力，影响牛的健康，最后导致热射病。

在低温环境下，对肉牛造成直接的影响就是容易出现感冒、气管炎和支气管炎、肺炎以及肾炎等症状，所以必须加以重视。初生牛犊由于体温调节能力尚未健全，更容易受低温的不良影响，必须加强牛犊的保温措施。

（二）湿度

牛舍要求的适宜相对湿度为 55%～80%。湿度主要通过影响机体的体温调节而影响肉牛生产力和健康，常与温度、气流和辐射等因素综合作用对肉牛产生影响。舍内温度不适时，增加舍内湿度可减弱机体抵抗力，增加发病率，且发病后的过程较为沉重，死亡率也较高。如高温、高湿环境使牛体散热受阻，且促进病原性真菌、细菌和寄生虫的繁殖；而低温、高湿，牛易患各种感冒性疾病，如风湿、关节炎、肌肉炎、神经痛和消化道疾病等。当舍内温度适宜时，高湿有利于灰尘下沉，空气较为洁净，对防止和控制呼吸道感染有利。而空气过于干燥（相对湿度在40%以下），牛的皮肤和口、鼻、气管等黏膜发生干裂，会降低皮肤和黏膜对微生物的防卫能力，易引起呼吸道疾病。

（三）气流

任何季节牛舍都需要通风。一般来说，犊牛和成牛适宜的风速分别为0.1~0.4米/秒和0.1~1米/秒。舍内风速可随季节和天气情况进行适当调节，在寒冷冬季，气流速度应控制在0.1~0.2米/秒，不超过0.25米/秒；而在夏季，应尽量增大风速或用排风扇加强通风。夏季环境温度低于牛的皮温时，适当增加风速可以提高牛的舒适度，减少热应激；而环境温度高于牛的皮温时，增加风速反而不利。

二、有害气体

舍内的有害气体不仅影响到牛的生长，对外界环境也造成不同程度的污染。对牛危害比较大的有害气体主要包括氨气、二氧化碳、硫化氢、甲烷、一氧化碳等。其中，氨气和二氧化碳是给牛健康造成危害较大的两种气体。

（一）氨气（NH_3）

牛舍内 NH_3 来自粪、尿、饲料和垫草等的分解，所以舍内含量的高低取决于牛的饲养密度、通风、粪污处理、舍内管理水平等。肉牛长期处于高浓度 NH_3 环境中，对传染病的抵抗力下降，当氨气吸入呼吸系统后，可引起上部呼吸道黏膜充血、支气管炎，严重者可引起肺水肿和肺出血等症状。国家行业标准规定，牛舍内 NH_3 含量不能超过20毫克/立方米。

（二）二氧化碳（CO_2）

CO_2 本身无毒，是无色、无臭、略带酸味的气体，它的危害主要是造成舍内缺氧，易引起慢性中毒。国家行业标准规定，

牛舍内 CO_2 含量不能超过 1 500 毫克/立方米。北方的冬季由于门窗紧闭，舍内通风不良，CO_2 浓度可高达 2 000 毫克/立方米以上，造成舍内严重缺氧。

（三）微粒

微粒对肉牛的最大危害是通过呼吸道造成的。牛舍中的微粒少部分来自于外界的带入，大部分来自饲养过程。微粒的数量取决于粪便、垫料的种类和湿度、通风强度、牛舍内气流的强度和方向、肉牛的年龄、活动程度以及饲料湿度等。一般空气中尘埃含量为 $10^3 \sim 10^6$ 粒/立方米，加料时可增加 10 倍。国家行业标准规定，牛舍内总悬浮颗粒物（TSP）不得超过 4 毫克/立方米，可吸入颗粒物（PM）不得超过 2 毫克/立方米。

（四）微生物

牛舍空气中的微生物含量主要取决于舍内空气中微粒的含量，大部分的病原微生物附着在微粒上。凡是使空气中微粒增加的因素，都会影响舍内空气中的微生物含量。据测定，牛舍在一般生产条件下，空气中细菌总数为 121~2 530 个/升，清扫地面后，可使细菌达到 16 000 个/升。另外，牛咳嗽或打喷嚏时喷出的大量飞沫液滴也是携带微生物的主要途径。

第二节　牛舍环境控制

适宜的环境条件可以使肉牛获得最大的经济效益，因此在实际生产中，不仅要借鉴国内外先进的科学技术，还应结合当地的社会、自然条件以及经济条件，因地制宜地制定合理的环境调控方案，改善牛舍小气候。

一、防暑与降温

（一）屋顶隔热设计

屋顶的结构在整个牛舍设计中起着关键作用，直接影响舍内的小气候。

（1）选材选择导热系数小的材料。

（2）确定合理的结构在夏热冬暖的南方地区，可以在屋面最下层铺设导热系数小的材料，其上铺设蓄热系数较大的材料，再上铺设导热系数大的材料，这样可以延缓舍外热量向舍内的传递；当夜晚温度下降的时候，被蓄积的热量通过导热系数大的最上层材料迅速散失掉。而在夏热冬冷的北方地区，屋面最上层应该为导热系数小的材料。

（3）选择通风屋顶通风屋顶通常指双层屋顶，间层的空气可以流动，主要靠风压和热压将上层传递的热量带走，起到一定的防暑效果。通风屋顶间层的高度一般平屋顶为20厘米，坡屋顶为12~20厘米。这种屋顶适于热带地区，寒冷地区或冬冷夏热地区，不适于选择通风屋顶，但可以采用双坡屋顶设天棚，两山墙上设通风口的形式，冬季可以将风口堵严。

（4）采用浅色、光平外表面外围护结构外表面的颜色深浅和光平程度，决定其对太阳辐射热的吸收和发射能力。为了减少太阳辐射热向舍内的传递，牛舍屋顶可用石灰刷白，以增强屋面反射。

（二）加强舍内的通风设计

自然通风牛舍可以设天窗、地窗、通风屋脊、屋顶风管等设施，以增加进、排风口中心的垂直距离，从而增加通风量。天窗可在半钟楼式牛舍的一侧或钟楼式牛舍的两侧设置，或沿着屋脊通长或间断设置；地窗设在采光窗下面，应为保温窗，冬季可密闭保温；屋顶风管适用于冬冷夏热地区，炎热地区牛舍屋顶也可设计为通风屋脊形式，增加通风效果。

（三）遮阴与绿化

夏季可以通过遮阴和绿化措施来缓解舍内的高温。

（1）遮阴。建筑遮阴通常采用加长屋檐或遮阳板的形式。根据牛舍的朝向，可选用水平遮阴、垂直遮阴和综合遮阴。对于南向及接近南向的牛舍，可选择水平遮阴，遮挡来自窗口上方的阳光；西向、东向和接近这两个朝向的牛舍需采用垂直遮阴，用垂直挡板或竹帘、草苫等遮挡来自窗口两侧的阳光。此外，很多牛舍通过增加挑檐的宽度达到遮阴的目的，考虑到采光，挑檐宽度一般不超过80厘米。

（2）绿化。绿化既起到美化环境、降低粉尘、减少有害气体和噪声等作用，又可起到遮阴作用。应经常在牛场空地、道路两旁、运动场周围等种草种树。一般情况下，场院墙周边、场区隔离地带种植乔木和灌木的混合林带；道路两旁既可选用高大树木，又可选用攀缘植物，但考虑遮阴的同时一定要注意通风和采光；运动场绿化一般是在南侧和西侧，选择冬季落叶、夏季枝叶繁茂的高大乔木。

（四）搭建凉棚

建有运动场的牛场，运动场内要搭建凉棚。凉棚长轴东西向配置，以防阳光直射凉棚下地面，东西两端应各长出3~4米，南北两端应各宽出1~1.5米。凉棚内地面要平坦，混凝土较好。凉棚高度一般3~4米，可根据当地气候适当调整棚高，潮湿多雨地区应该适当降低，干燥地区可适当增加高度。凉棚形式可采用单坡或双坡，单坡的跨度小，南低北高，顶部刷白色，底部刷黑色较为合理。

凉棚应与牛舍保持一定距离，避免有部分阴影会射到牛舍外墙上，造成无效阴影。同时，如果牛舍与凉棚距离太近，影响牛舍的通风。

（五）降温措施

夏季牛舍的门窗打开，以期达到通风降温的目的。但高温环境中仅靠自然通风是不够的，应适当辅助机械通风。吊扇因为价格便宜是目前牛场常用的降温设备，一般安装在牛舍屋顶或侧壁上，有些牛舍也会选择安装轴流式排风扇，采用屋顶排风或两侧壁排风的方式。在实际生产中，风扇经常与喷淋或喷雾相结合使用效果更好。安装喷头时,舍内每隔 6 米装 1 个,每个喷头的有效水量为 1.2~1.4 升/分钟时,效果较好。

冷风机是一种喷雾和冷风相结合的降温设备,降温效果很好。由于冷风机价格相对较高,肉牛舍使用不多,但由于冷风机降温效果很好,而且水中可以加入一定的消毒药,降温的同时也可以达到消毒的效果,在大型肉牛舍值得推广。

二、防寒与保暖

(一) 合理的外围护结构保温设计

牛舍的保温设计应根据不同地方的气候条件和牛的不同生长阶段来确定。目前,冬季北方地区牛舍的墙壁结冰、屋顶结露的现象非常严重,主要原因在于为了节省成本,屋顶和墙壁的结构不合理。选择屋顶和墙壁的构造时,应尽量选择导热系数小的材料,如可以用空心砖代替普通红砖,热阻值可提高41%,而用加气混凝土砖代替普通红砖,热阻值可增加 6 倍。近几年来,国内研制了一些新型经济的保温材料,如全塑复合板、夹层保温复合板等,除了具保温性能外,还有一定的防腐、防潮、防虫等功能。

在外围护结构中,屋顶失热较多,所以加强屋顶的保温设计很重要。天棚可以使屋顶与舍空间形成相对静止的空气缓冲层,加强舍内的保温。如果在天棚中添加一些保温材料,如锯末、玻璃棉、膨胀珍珠岩、矿棉、聚乙烯泡沫等可以提高屋顶热阻值。

地面的保温设计直接影响牛的体热调节,可以在牛床上加设橡胶垫、木板或塑料等,牛卧在上面比较舒服。也可以在牛舍内铺设垫草,尤其是小群饲养,定期清除,可以改善牛舍小气候。

(二) 牛舍建筑形式和朝向

牛舍的建筑形式主要考虑当地气候,尤其是冬季的寒冷程度、饲养规模和饲养工艺。炎热地方可以采用开放舍或半开放舍，寒冷地区宜采用有窗密闭舍，冬冷夏热的地区可以采用半开放舍，冬季牛舍半开的部分覆膜保温。

牛舍朝向设计时主要考虑采光和通风。北方牛舍一般坐北朝南，因为北方冬季多偏西风或偏北风，另外，北面或西面尽量不设门，必须设门时应加门斗，防止冷风侵袭。

三、饲养管理

（一）调整饲养密度

饲养密度是指每头牛占床或占栏的面积，表示牛的密集程度。冬季可以适当增加牛的饲养密度，以提高舍温，但密度太大，舍内湿度会相对增加，有的牛舍早上空气相对湿度可高达90%，有害气体如氨气和二氧化碳浓度也会随之增加。而且密度太大，小群饲养时会增加牛的争斗，不利于牛的健康生长。夏季为了减少舍内的热量，要适当降低舍内牛的饲养密度，但一定要考虑牛舍面积的利用效率。

（二）控制湿度

每天肉牛可排出约 20 千克的粪便和 18 千克左右的尿液，如果不及时清除这些污水污物，很容易导致舍内空气的污浊和湿度的增加。通风和铺设垫草是较便捷、有效地降低舍内湿度的方法。一年四季每天定时通风换气，既能排出舍内的有害气体、微生物和微粒，又能排出多余的热量和水蒸气。冬季通风除了排出污浊空气，还要排除舍内产生的大量水蒸气，尤其是早上通风特别关键。

为了保持牛床的干燥，可以在牛床上铺设垫草，以保持牛体清洁、健康，而且垫草本身可以吸收水蒸气和部分有害气体，如稻草吸水率为 324%，麦秸吸水率为 230%。但铺设垫草时，必须勤更换，否则污染会加剧。

（三）利用温室效应

透光塑料薄膜和阳光板起到不同程度的保温和防寒作用，冬季应经常在舍顶和窗户部位覆盖这些透明材料，充分利用太阳辐射和地面的长波辐射热使舍内增温，形成"温室效应"。但应用这种保温措施时，一定要注意防潮控制。

总之，这些管理措施虽然可以改善牛舍的环境，但必须根据牛场的具体情况加以利用。此外，控制牛的饮水温度也是肉牛养殖的一个重要环节，夏季饮用地下水、冬季饮用温水对于夏季防暑和冬季的防寒有重要意义。

第三节　粪污处理和利用

肉牛粪尿中含有大量的有机质、氮、磷等营养物质，是一些动物和植物所需的养分。如经无害化处理后，不仅能化害为利，变废为宝，同时也起到保护环境，防止环境污染的作用。目前，我国对牛场粪尿无害化处理与利用的有效方法如下所示。

一、生产沼气

沼气工程是处理牛场粪污实用而有效的方式，是牛场粪污综合治理的纽带工程。沼气工程工艺流程如图6-1所示。

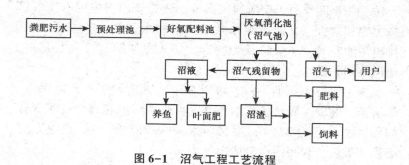

图6-1　沼气工程工艺流程

二、用作肥料

牛粪是一种非常好的有机肥，但必须经过腐熟后方可使用。如牛粪数量少，可通过堆肥发酵后直接使用；如数量较大，则适宜在腐熟基础上进行有机肥深加工，便于更大范围销售和使用。

（一）牛粪堆肥发酵技术

传统的堆肥为自然堆肥法，无须设备，但占地大、腐熟慢、品质差、效率低，而且劳动强度大、周围环境恶劣。

现代规模化牛场多采用原料好氧堆肥工艺，即利用堆肥设备使牛粪等在有氧条件下利用好氧微生物作用达到稳定化、无害化，进而转变为优质肥，主要有条垛式堆肥工艺和太阳能发酵槽式堆肥工艺两种方法，根据牛粪原料水分情况，可以选择上述一种堆肥工艺，也可以将两种堆肥工艺结合起来堆肥。如先将牛粪通过槽式堆肥方式完成高温堆肥，无害化后从发酵槽中移出物料至条垛堆肥场区，进行二次发酵并进一步降低水分，促使有机养分进一步腐殖质化和矿质化，最终彻底腐熟。两种工艺结合设备投资略增，但堆肥效率和品质有所提高。

发酵过程中添加菌剂，可以快速提高堆肥温度，促进牛粪发酵腐熟，缩短堆制时间，提高堆料纤维素和半纤维素的降解率。

现代规模化牛粪发酵过程中，都配有专门的生产设备和机械，且有专业的技术要求。在具体实际操作时，还需要进行专业的学习。

（二）牛粪生产有机肥技术

由于牛粪堆肥产品总体养分偏低，且其中氮磷等营养元素与现有的农艺种植习惯和作物需肥特性存在差异，所以，在利用牛粪生产商品肥过程中，往往加入一部分氮、磷、钾化肥制成商品有机、无机复混肥。有机肥厂的规划设计通常将有机、无机复混肥作为主导产品，兼顾生产有机肥产品。有机肥产品可以制成颗粒状，也可以制成粉状；包装规格也有不同。这都取决于市场需求。现在，市场上有专用花卉有机肥、蔬菜有机肥等，肥效更加有针对性，营养素利用率更高。

　　有机肥生产需要专业的配套设备，生产中可根据生产规模、生产效率等进行选择。利用牛粪生产有机肥的生产基本流程如图 6-2 所示。

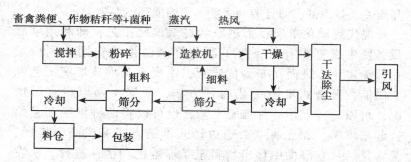

图 6-2　生物有机肥生产工艺流程

三、养殖蚯蚓

　　蚯蚓消化利用牛粪的能力很强。牛的粪便是蚯蚓喜欢的食料，每平方米养 1 千克蚯蚓，则每天需要牛粪 1 千克。蚯蚓体内可分泌出一种能分解蛋白质、脂肪和木质纤维的特殊酶，它能很好地利用牛粪中的营养元素，因此，蚯蚓是良好的"牛粪处理场"，蚯蚓养殖工厂即是一个良好的"环境净化装置"，可在一定程度内消除环境污染。

　　要成功利用牛粪养殖蚯蚓，主要做好两点：一是牛粪必须要经过发酵，保证蚯蚓的"食品安全"；二是按照蚯蚓的生活习性，满足其生活条件需要。

四、种植双孢菇

双孢菇菌肉肥嫩，味道鲜美，营养丰富，享有"保健食品"和"素中之王"美称，深受人们喜爱。牛粪作为培养料生产的双孢菇，与其他培养料生产的双孢菇没有差别，且能充分消化利用牛粪中的氮磷元素，是牛粪变废为宝应用的典型案例。

双孢菇通常采用床式覆土模式种植，即在种植菌种的培养料床上覆盖一层土，待到双孢菇长到适宜大小时采收。培养料料厚一般在20厘米左右，每平方米可使用培养料25千克左右，即每40平方米的双孢菇种植面积就相当于普通1亩农田正常牛粪的施肥量。可见利用牛粪种植双孢菇是处理牛粪的一种高效方式。

由于牛粪自身不能满足双孢菇生长所需培养料的碳氮比要求，故需要添加一些肥料等才能达到其要求。也就是说，利用牛粪进行双孢菇生产，其实，牛粪仅仅是其中培养料中的一个组成部分。配方举例：干牛粪650千克，麦秸350千克，豆饼粉15千克，尿素3千克，硫酸铵6千克，碳酸铵15千克，过磷酸钙10千克。

五、发展生态循环农业

随着我国环境保护意识的加强和生态农业的发展，运用生物工程技术对家畜粪尿进行综合处理与利用，合理地将养殖业、种植业结合起来，形成物质的良性循环模式。按照这种生态农业模式进行规划、设计和改造养殖场，将是我国现代化养殖业发展的必然走向。种植业—养殖业—沼气工程三结合物质循环利用模式是最典型的代表，其循环利用模式如图6-3所示。

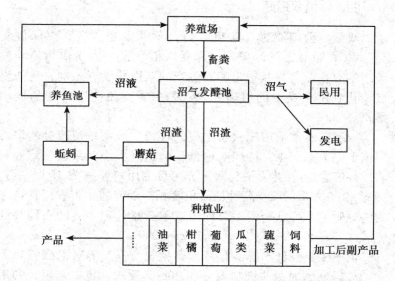

图 6-3　种植业—养殖业—沼气工程三结合物质循环利用工程系统

第七章 肉牛场经营管理

第一节 生产计划及规章制度建立

一、制订及执行生产计划

(一) 制订计划的基本要求

1. 预见性

这是计划最明显的特点之一。计划不是对已经形成的事实和状况的描述，而是在行动之前对行动的任务、目标、方法、措施所作出的预见性确认。但这种预想不是盲目的、空想的，而是以上级部门的规定和指示为指导，以本单位的实际条件为基础，以过去的成绩和问题为依据，对今后的发展趋势作出科学预测之后作出的。

可以说，预见是否准确，决定了计划的成败。

2. 针对性

计划，一是根据党和国家的方针政策、上级部门的工作安排和指示精神而定，二是针对本单位的工作任务、主客观条件和相应能力而定。总之，从实际出发制定出来的计划，才是有意义、有价值的计划。

3. 可行性

可行性是和预见性、针对性紧密联系在一起的，预见准确、针对性强的计划，在现实中才真正可行。如果目标定得过高、措施无力实施，这个计划就是空中楼阁；反过来说，目标定得过低，措施方法都没有创见性，实现虽然很容易，并不能因而取得有价值的成就，那也算不上有可行性。

4. 约束性

计划一经通过、批准或认定，在其所指向的范围内就具有了约束作用，在这一范围内无论是集体还是个人，都必须按计划的内容开展工作和活动，不得违背和拖延。

（二）计划的基本类型

按照不同的分类标准，计划可分为多种类型。按其所指向的工作、活动的领域来分，可分为工作计划、生产计划、销售计划、采购计划、分配计划、财务计划等。按适用范围的大小不同，可分为单位计划、班组计划等。按适用时间的长短不同，可分为长期计划、中期计划、短期计划3类，具体还可以称为十年计划、五年计划、年度计划、季度计划、月度计划等。

（三）肉牛养殖企业计划体系的内容

（1）肉牛数量增殖指标。

（2）肉牛生产质量指标。

（3）牛产品指标。

（4）产品销售指标。

（5）综合性指标。

（四）牛群配种产犊计划

牛群配种产犊计划是肉牛规模化养殖企业的核心计划，是制定牛群周转计划、饲料供给计划、生态资源利用计划、资金周转计划、产品销售计划、生产计划和卫生防疫计划的基础和依据。

产犊计划主要表明计划期内不同时间段内参加配种的母牛头数和产犊头数，力求做到计划品种和生产。产犊配种计划是最常用的年度计划。

编制年度配种产犊计划需要掌握的资料是牛场本年度母牛的分娩和配种记录、牛场育成母牛出生日期记录、计划年度内预计淘汰的成年母牛和育成母牛的数量和预计淘汰时间、牛场配种产犊类型、饲养管理条件、牛群的繁殖性能以及健康状况等。牛群配种产犊计划见表7-1。

表7-1　牛群配种产犊计划表

月份		1	2	3	4	5	6	7	8	9	10	11	12	合计
上年怀胎母牛头数	成母牛													
	育成牛													
	小计													
本年怀胎母牛头数	成母牛													
	育成牛													
	小计													
本年产犊母牛头数	成母牛													
	育成牛													
	实有复配牛													
	实际复配牛													
	小计													

（五）牛群周转计划编制

编制牛群周转计划是编好其他各项计划的基础，它是以生产任务、远景规划和配种分娩初步计划作为主要根据而编制的。由于牛群在一年内有繁殖、购入、转组、淘汰、出售、死亡等情况，因此，头数经常发生变化，编制计划的任务是使头数的增减变化与年终结存头数保持着牛群合理的组成结构，以便有计划地进行生产。例如，合理安排饲料生产，合理使用劳动力、机械力和牛舍设备等，防止生产中出现混乱现象，杜绝一切浪费。牛场牛群分类周转计划见表7-2。

表7-2 牛群分类周转计划表

月份			1	2	3	4	5	6	7	8	9	10	11	12
犊牛	期初													
	增加	繁殖												
		购入												
	减少	转出												
		售出												
		淘汰												
	期末													
育成牛	期初													
	增加	繁殖												
		购入												
	减少	转出												
		售出												
		淘汰												
	期末													
育肥牛	期初													
	增加	繁殖												
		购入												
	减少	转出												
		售出												
		淘汰												
	期末													
成母牛	期初													
	增加	繁殖												
		购入												
	减少	转出												
		售出												
		淘汰												
	期末													

（续表）

	月份	1	2	3	4	5	6	7	8	9	10	11	12
合计	期初												
	期末												

（六）饲料计划编制

为了使养牛生产在可靠的基础上发展，每个牛场都要制定饲料计划。编制饲料计划时，先要有牛群周转计划（标定时期、各类牛的饲养头数）、各类牛群饲料定额等资料，按照牛的生产计划定出每个月饲养牛的头数×每头日消耗的草料数，再增加5%～10%的损耗量，求得每个月的草料需求量，各月累加获得年总需求量。即为全年该种饲料的总需要量。

各种饲料的年需要量得出后，根据本场饲料自给程度和来源，按各月份条件决定本场饲草料生产（种植）计划及外购计划，即可安排饲料种植计划和供应计划（表7-3）。

表7-3 肉牛企业饲料供给计划表

		月份	1	2	3	4	5	6	7	8	9	10	11	12
种类来源		面积/公顷												
		数量/千克												
青饲料	大田复种轮作生产	面积/公顷												
		数量/千克												
	专用饲料地生产	面积/公顷												
		数量/千克												
	草地放牧或刈割	面积/公顷												
		数量/千克												
	购入	数量/千克												

（续表）

月份			1	2	3	4	5	6	7	8	9	10	11	12
粗饲料	秸秆	面积/公顷												
		数量/千克												
	糟渣	数量/千克												
	秕壳	面积/公顷												
		数量/千克												
	购入	数量/千克												
精饲料	能量	面积/公顷												
		数量/千克												
	蛋白	面积/公顷												
		数量/千克												
	添加剂	数量/千克												
	购入	数量/千克												
合计	青饲料	数量/千克												
	粗饲料	数量/千克												
	精饲料	数量/千克												

二、肉牛场的主要规章制度

建立健全规章制度，目的是充分调动职工的工作积极性，做到奖惩"有章可循"，便于量化管理。

（一）考勤制度

由班组负责。迟到、早退、旷工、休假等作为发放工资、奖金以及评优的依据。

（二）劳动纪律

凡影响安全生产和产品质量的一切行为，都应制订出详细的奖惩办法。

（三）防疫及医疗保健制度

建立健全牛场日常防疫卫生消毒制度，包括牛场消毒方法、频率；牛的疾病免疫、防疫种类、方法和程序。对全场职工定期进行职业病重点是布鲁氏菌病、结核病的检查。

（四）学习制度

定期组织干部职工进行经验交流或外出学习，不断提高职工思想和技术水平。

（五）饲养管理制度

根据牛场实际，对养牛生产的各个环节提出基本要求，制定简明的养牛生产技术操作规程。在制定操作规程时，既要吸收工人的工作经验，更要坚持以科学理论为依据。它是各项制度的核心。

第二节　档案建立与管理

一、肉牛档案建立

建立肉牛档案，便于对牛群的动态管理，掌控肉牛增重、饲料摄取量、饲料转化率等，预测肉牛饲养成本和育肥效果。

一般肉牛养殖场可采用计算机 Excel 表建立肉牛养殖档案，简便易操作；高层次肉牛档案管理，如实现产品溯源，就需要采用专门软件管理系统。

（一）肉牛 Excel 表养殖档案

繁殖母牛、育肥牛可分别参照表 7-4、表 7-5 模式建立档案并记录。

表 7-4　繁殖母牛 Excel 档案表

牛号	怀孕日	与配公牛	干奶日	预产期	转产房日	分娩日	分娩情况

注：分娩情况包括：顺产、助产、剖宫产、胎衣不下、死胎等

表 7-5　育肥牛 Excel 档案表

牛舍								
牛号	基础体重（千克）	体重测量				育肥期增重		出栏日期
		测定日期	体重（千克）	日增重（千克/天）	日增重（千克/天）	…	总增重（千克）	平均日增重（千克/天）	

注：体重至少每月测定 1 次

（二）专门化软件管理系统

农业部于 2006 年设立重点引进技术项目 "中国牛肉质量安全追溯系统"，现已推广应用。该系统是针对肉牛养殖、屠宰、分割、运销、储运和消费等整个产业链的质量安全追溯，见下图。

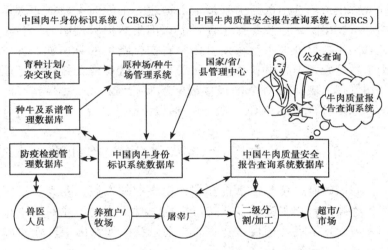

图　中国牛肉质量安全追溯系统模式图

中国牛肉质量安全可追溯系统包括 2 个子系统："中国肉牛身份标识系统（China Beef Cattle Identification System，CBCIS）"和 "中国牛肉质量安全报告查询系统（China Beef Report and Checking System，CBRCS）"。本系统与农业部同步建设的畜禽管理系统相对接，使牛肉生产各产业链环节紧密连接成一个网络系统。这 3 个系统包括中国动物标识管理系统、中国畜禽疫病防疫监控系统和中国种牛站系谱管理系统。

中国肉牛身份标识系统（CBCIS），主要包含了牛初生数据库、买卖交易数据库、饲养管理数据库和农场/养殖户注册数据库；中国牛肉质量安全报告查询系统（CBRCS）则包含了屠宰信息数据库、分割销售信息数据库，以及屠宰场/零售商注册数据库。

二、肉牛档案管理

我国牛肉质量安全可追溯系统的管理权在农业部。所有的耳标制造厂商必须经过国家行业主管部门农业部的注册登记，才允许供市场选用。由国家指定机构建立全国肉牛数据库管理中心（NBCDMC）和各省（直辖市）肉牛数据管理中心，并由各省肉牛数据管理中心核发打印本省初生犊牛的身份证。各省肉牛数据管理中心由省畜牧厅（局）直接管理或委托相关专业公司管理。农业部对全国肉牛屠宰场实行统一注册编码管理。编码原则符合 EAN–UCC 全球统一标识系统。

第三节　肉牛产业政策与生产补贴

我国政府一直非常重视和扶持肉牛业的发展，尤其是近年来，连续出台和实施了多项扶持措施，对我国肉牛业的健康快速发展起到了良好的促进作用。当前，我国涉及肉牛产业实施的优惠扶持政策主要如下。

一、优惠政策类

（1）开荒。鼓励利用荒山、荒沟、荒丘、荒滩等发展养殖。

（2）地下水。免收地下水资源费。

（3）电价。享受农业用电价格。

（4）重大动物疫病强制免疫疫苗补助。国家对口蹄疫、小反刍兽疫等动物疫病实行强制免疫政策。强制免疫疫苗由省级政府组织招标采购；疫苗经费由中央财政和地方财政共同按比例分担，养殖场（户）无须支付强制免疫疫苗费用。

（5）畜禽疫病扑杀补助。国家对口蹄疫、小反刍兽疫等发病动物及同群动物和布鲁氏菌病、结核病阳性牛实施强制扑杀。

国家对因上述疫病扑杀畜禽给养殖者造成的损失予以补助，强制扑杀补助经费由中央财政、地方财政和养殖场（户）按比例承担。

二、项目补贴类

（1）肉牛标准化规模养殖（示范场）扶持政策。肉牛标准化规模养殖，重点支持肉牛年出栏量 100~2 000 头的规模养殖场、农民合作社。补助资金额度为 25 万~100 万元。该政策从 2007 年开始实行，中央财政每年安排 25 亿元在全国范围内支持标准化规模养殖场（小区）建设。支持资金主要用于养殖场（小区）水电路改造、粪污处理、防疫、挤奶、质量检测等配套设施建设等。

2010 年起，我国开始国家级示范场创建活动，一直持续至今。重点扶持建设有一定规模、生产技术基础好，并在增加产品产量和提高产品质量有示范带动作用的畜禽养殖基地，改善养殖条件，稳步提升畜禽标准化规模养殖水平，实现畜禽良种化、养殖设施化、生产规范化、防疫制度化、粪污无害化等"五化"目标，提高抗御灾害能力，促进畜产品生产持续健康发展，增强畜产品的综合生产能力、供应保障能力和畜产品质量安全水平。2016 年度，国家级肉牛示范场创建规模标准：年出栏育肥牛 500 头以上，或存栏能繁母牛 50 头以上。

（2）基础母牛扩群增量扶持政策。为调动地方母牛饲养积极性，增加基础母牛数量，推进母牛适度规模养殖，逐步解决基础母牛存栏持续下降、架子牛供给不足等发展瓶颈问题，2014 年起，中央财政安排"畜牧发展扶持资金"，支持肉牛基础母牛扩群增量工作。

①实施区域：在肉牛基础母牛存栏量 3 万头以上的母牛养殖大县实施，优先选择肉牛良种补贴项目县。

②补助对象：项目县内肉牛基础母牛存栏量 10 头以上（含 10 头）的养殖场（含种牛场）、养殖户、农民专业合作社（基

础母牛要求集中饲养）；项目省肉牛基础母牛存栏量 500 头以上的大型肉牛养殖企业。

③补助品种：地方黄牛品种、经国家审定的肉牛培育品种和批准引进的肉牛品种，包括乳肉兼用牛品种和开展杂交生产的杂种母牛，不包括牦牛、水牛品种。

基础母牛指具备繁殖能力的成年母牛（原则上应达到 18 月龄以上），不包括后备母牛。

④补助方式：采取"先增后补"的方式，实行母牛存栏定主体，新增犊牛定资金。新增犊牛应为自有母牛或外购母牛所产后代，外购犊牛不计入新增犊牛范围。

⑤补助标准：项目省根据中央财政补助资金规模，结合符合条件补助对象情况，分档确定补助标准。

（3）推进"粮改饲"发展草食畜牧业扶持政策。为深入推进农业结构调整，加快发展草牧业，支持青贮玉米和苜蓿等饲草料种植，促进粮食、经济作物、饲草料三元种植结构协调发展。2013 年起，国家开始实施"振兴奶业苜蓿发展行动"，对集中连片 3 000 亩以上的苜蓿种植按照每亩 600 元的标准给予补助。

2015 年起，农业部启动实施"粮改饲"试点工作，中央财政投入资金 3 亿元，在河北、山西、内蒙古、辽宁、吉林、黑龙江、陕西、甘肃、宁夏和青海 10 省（自治区），选择 30 个牛羊养殖基础好、玉米种植面积较大的县开展以全株青贮玉米收贮为主的"粮改饲"试点工作。2016 年，国家将继续实施"粮改饲"试点项目，并进一步增加资金投入，扩大实施范围。

（4）肉牛良种补贴政策。从 2005 年开始，国家实施畜牧良种补贴政策。补贴标准为按照每头能繁母牛 2 剂冻精，供精单位按照补贴后价格向项目区提供良种冻精，省财政根据采购合同、供货发票和冻精出入库凭证与供精种公牛站进行结算；牦牛种公牛补贴标准为每头种公牛 2 000 元。

（5）养殖农机补贴政策。农机具购置补贴于 2004 年启动实施，此后中央财政不断加大投入力度，补贴资金规模连年大幅度增长。中央财政农机购置补贴资金实行定额补贴，同一种类、同一档次农业机械在省域内实行统一补贴标准。定额补贴按不超过各省市场平均价格的30%测算。单机补贴上限5万元，部分大型农机具可提高到12万元，200马力*以上拖拉机等单机补贴额可提高到20万元。

具体补贴标准在"农机360"网站的"农机补贴"专栏的"××年农机购置补贴产品目录"中查询，确定购买目录中的农机产品才可以享受农机购置补贴。

（6）养殖场沼气工程补贴政策。从2009年起，国家开始对大中型沼气工程，根据发酵装置容积大小和上限控制相结合的原则给予中央财政补助。年出栏500头以上肉牛的养殖场建设的沼气工程可以申报。

大中型沼气工程中央补助数额原则上按发酵装置容积大小等综合确定，西部地区中央补助项目总投资的45%，总量不超过200万元；中部地区中央补助项目总投资的35%，总量不超过150万元；东部地区中央补助项目总投资的25%，总量不超过100万元。对于具有新技术、新工艺的特殊项目，中央补助可适当提高。同时，地方政府也应加大对大中型沼气工程建设的支持力度，原则上对于申请中央补助的项目，西部、中部、东部地区地方政府投资不得低于项目总投资的5%、15%、25%。

（7）现代农业园区试点项目。支持范围：规模化标准化畜禽（或水产）养殖基地，组织带动力强的股份合作和专业合作组织、专业大户或家庭。

资金补助数额：1 000万~2 000万元。

（8）农业部优势特色示范项目。

①畜禽良种繁育项目：

支持范围：以完善畜禽良种扩繁体系为主，重点扶持已有

* 马力为非法定计量单位。1马力＝735.499瓦

基础的扩建或续建项目。

申报条件：注册资本在300万元（含）以上企业和农民合作社。

②稻秆养畜项目：

秸秆养畜示范项目。

区域重点：黄淮海肉牛肉羊优势产业带、东北肉牛奶牛优势产业为重点区域，西北、西南肉牛肉羊集中生产地区为次重点区域。

申报条件：项目单位为农民合作社或标准化规模养殖企业。

秸秆青黄贮饲料专业化生产示范项目。

区域重点：黄淮海肉牛肉羊优势产业带、东北肉牛奶牛优势产业带为重点区域。

申报条件：地市级以上农业产业化龙头企业。

第四节　成本核算与效益化生产

经济核算是对企业进行管理的重要方法，它通过记账、算账对生产过程中的劳动消耗和劳动成果进行分析、对比和考核，以求提高经济效益。经济核算有利于肉牛企业提高管理水平；有利于宏观调控和加强计划管理；有利于企业运用和学习科学技术；可以防止和打击经济领域的各种违法犯罪活动，维护财经纪律和财务制度。

一、肉牛场经营的主要成本

肉牛养殖场经营的主要成本包括场舍及附属设施建设投资、养牛设备投资、购牛成本、饲料及人工费用等。

（一）场舍及附属设施建设投资

场舍结构不同，投资差别较大。建设地区不同，相同建筑成本差别也会很大。场舍及附属设施建设应以经济、坚固、实用为原则。

气候适宜的地区或季节，可建简易钢架结构开敞式棚舍，或用木头或竹竿搭建简易结构牛棚，建筑成本最低可控制在100元/平方米以内；而一般封闭式牛舍，每平方米建筑成本为300~500元。

牛场附属设施投资主要为青贮池的建设。地上式砖墙结构，墙要适度加厚（一般达到50厘米），以承受足够的侧压力；为保证足够牢固，可在墙底、墙顶增加圈梁；如为水泥、钢筋预制结构，墙体可稍薄（如36厘米），但成本价仍比砖墙结构高。地下式青贮池建筑成本低，但不实用。不管哪种结构，青贮池建筑容积越大，单位容积均摊建筑成本越低。

根据需要，规模化牛场往往需要设置地磅，5吨规格地磅价格一般在3 000元左右。

（二）养牛设备投资

根据机械化程度不同，选择养牛设备不同。肉牛养殖场常用大型机械设备有TMR机、铡草机、拖拉机、农用三轮车等，小型设备有饮水器（碗）、小推车等。

各种机械设备的价格随其规格、功率不同有较大差异。牛场可根据实际需要进行选择。

（三）购牛成本

是肉牛易地育肥时的最大资金支出，约占养牛总投资额的80%，其余20%为饲养费用。牛的价格与品种、年龄、体重、性别等很多因素有关。

收购牛的成本不仅只是牛的价格，还应包括手续费、检疫费、运输费用、运输掉重损失及途中意外损失和银行利息等。购牛前要进行估算，并通过与育肥过程中的费用作比较，确定购买1头牛或每千克活重的合理价格，以保证牛的育肥能获得理想的效益。

（四）饲料费用

包括精料、粗料及添加剂饲料的费用。在牛的饲养费用中，饲料费用约占总饲养成本的 80%。购牛成本确定的前提下，设法减少饲料费用，才能使养牛达到最大限度盈利。

（五）人员工资、杂项开支

约占饲养费用的 14%。杂项开支包括水电费、招待费等。按照一般劳动强度，每个饲养员可负责 50~70 头育肥牛的饲养管理任务。

（六）其他费用

如银行利息等，约占饲养总成本的 6%。

二、肉牛场的主要经营收入来源

肉牛养殖场的经营收入来源主要有两个部分：一是育肥增重；二是牛粪尿销售。繁殖牛场还包括新增犊牛带来的收入。

育肥增重产生的效益多少，不仅与增重速度、效率有关，更与活牛或牛肉销售的价格有关。一般牛粪每立方米市场售价为 30~50 元。

三、肉牛场的盈亏分析

简单的理解，肉牛场的盈或亏 = 总收入 – 总支出。只有总收入超过总支出，牛场方能获得盈利。

（一）总支出部分

包括固定资产折旧、购牛费用、饲料费用、人工费用、维修费、燃料费、水电费、培训费、医药费等。

固定资产折旧计算方法：牛舍、库房、饲料加工间、办公室、宿舍等，砖木结构折旧年限一般为 20 年，土木结构一般为 10 年。各牛场可根据当地折旧有关规定处理；饲料生产、加工机械，通常折旧年限为 10 年；拖拉机、汽车折旧年限为 15 年。

饲料费用包括牛群消耗的各种饲料。上年库存的饲料折款列入当年的开支；年底库存结余的饲料应折款列入下年度开支；饲料库存之差列入开支或收入。

生产人员和管理人员的工资、奖金及福利待遇按年实际支出计算。

（二）总收入部分

包括全年出售商品牛的收入、淘汰牛的收入、肥料的收入及牛只盘点总数折价减去上年盘点总数的折价（即增值收入），可能还有国家、地方政府扶持的部分资金收入等。

（三）总收益部分

全年的总收入减去全年的总支出即为全年的总收益。

第五节 市场预测和销售

一、我国的肉牛市场及其特点

概括而言，我国的肉牛市场大致分为 3 种形式。

（一）大众化市场

大众化市场即赶大集进行牛肉及活牛交易，这是我国最主要的肉牛市场交易形式。它的特点是品种不分；性别不分；年龄不分；部位不分。它不能区分不同档次牛肉的不同价值，尤其是高档牛肉的价值得不到真正的体现。

其主要销售渠道包括以副食商场、菜市场和批发市场为代表的传统零售业态；以超市、大卖场为代表的新型零售业态；以高档社区牛肉专卖店为特色的服务型零售业态。

（二）高档分割牛肉用于高级宾馆、饭店

我国肥牛火锅、西式牛排等高档牛肉消费市场越来越大，在这种市场上，每斤*牛肉售价达到几百元甚至上千元屡见不鲜。利用我国地方良种黄牛及其杂交改良牛通过专门化育肥，并经过专业化屠宰分割进行高档牛肉生产，进而替代进口以满

---

* 斤为非法定计量单位。1 斤＝0.5 千克

足国内高端牛肉消费会逐渐成为发展趋势。其销售渠道主要为重点大客户，包括高级宾馆、饭店及肉制品加工厂等。

（三）活牛、牛肉出口

这种方式无疑是我国肉牛高效生产的一条捷径，但每年出口数量有限，且仅限于国内几家肉牛屠宰加工企业。

二、我国的牛肉营销方式

细分市场实行区域化、层级化、差异化营销是肉牛企业拓展市场的有效策略。企业必须从研究市场、研究消费者入手，根据不同时期、不同地区、不同消费群体和不同消费特点进行市场细分。

（一）实体营销

（1）区域直销。主要针对酒店客户、肉类产品直销店、小型商超，尤以酒店客户为主。酒店的等级、规模不同，需求产品等级也不同。

（2）区域批发。针对有稳定客源及小规模销售网络的县市区肉类批发商而设定。公司的批发渠道客户主要分布在分公司周边区域，客源稳定，所购产品以中、低档居多。

（3）大客户订单。以采购原料肉为主，所用产品多为低档肉，有少数供应餐饮连锁的中档产品。国内企业主要有麦当劳、康师傅、双汇、金锣、华都集团等。

（4）商超销售。销售渠道如下。

连锁大卖场：如成为全国连锁超市，零售巨头如沃尔玛、家乐福、麦德龙、华联等的牛肉供应商。

商超店中店、专卖店：由公司负责出资筹建、进行统一模式的管理，是企业品牌宣传的窗口。

专卖加盟连锁：由公司以统一的管理模式、宣传模式、物流渠道进行辅助管理，由加盟商自行出资筹建。加盟店主要以开发有经销商区域市场和直营分公司区域及公司周边市县加盟商为主。

（5）针对国际市场，主要采用经销商模式。

（二）网络营销

近年来，"互联网+"呼啸而来，中国百业被互联网融合在一起，互联网改变了人们的消费习惯，对消费环境产生了巨大影响。网上巨大的消费群体，给牛肉及其制品尤其是牛肉小食品网络营销提供了广阔的空间。网络营销的方式是多样化的，常见的方式如下。

（1）搜索引擎营销。分SEO与PPC两种。SEO即搜索引擎优化，是通过站内优化，如网站结构调整、网站内容建设、网站代码优化等，以及站外优化，如网站站外推广、网站品牌建设等，使网站满足搜索引擎收录排名需求，在搜索引擎中提高关键词排名，从而吸引精准用户进入网站，获得免费流量，产生直接销售或品牌推广。

（2）电子邮件营销。是以订阅的方式将行业及产品信息通过电子邮件的方式提供给所需要的用户，以此建立与用户之间的信任与信赖关系。

（3）即时通信营销。利用互联网即时聊天工具进行推广宣传的营销方式。

（4）病毒式营销。病毒式营销并非利用病毒或流氓插件进行推广宣传，而是通过一套合理有效的积分制度引导并刺激用户主动进行宣传，是建立在有益于用户基础之上的营销模式。

（5）论坛（BBS）营销。论坛是互联网诞生之初就存在的形式，利用论坛的超高人气，可以有效地为企业提供营销传播服务。

（6）博客营销。建立企业博客，用于企业与用户之间的互动交流以及体现企业文化，一般以行业评论、工作感想、心情随笔和专业技术等作为企业博客内容，使用户更加信赖企业，深化品牌影响力。

（7）播客营销。是在广泛传播的个性视频中植入广告或在播客网站进行创意广告征集等方式进行品牌宣传与推广。

（8）创意广告营销。企业创意型广告可以深化品牌影响力以及品牌诉求。

（9）在 B2B 网站上发布信息或进行企业注册。B2B（商业对商业）网站是借助网络的便利条件，在买方和卖方之间搭起的一座沟通的桥梁，买卖双方可以同时在上面发布和查找供求信息。国内 B2B 网站中具代表性的有阿里巴巴、美商网等。

（10）事件营销。事件营销可以说是炒作，以有价值的新闻点或突发事件，在平台内或平台外进行炒作的方式来提高影响力。

（11）形象营销。企业形象是企业针对市场形势变化，在确定其经营策略应保持的理性态度。企业经营过程中，要求进一步个性化，与众不同，才能保持持续的经营目标、方针、手段和策略。

（12）网络整合营销。是利用互联网各种媒体资源（如门户网站、电子商务平台、行业网站、搜索引擎、分类信息平台、论坛社区、视频网站、虚拟社区等），精确分析各种网络媒体资源的定位、用户行为和投入成本，根据企业的客观实际情况（如企业规模、发展战略、广告预算等）为企业提供最具性价比的一种或者多种个性化网络营销解决方案。像百度推广、白羊网络等大公司都是这方面的佼佼者。

（13）网络视频营销。通过数码技术将产品营销现场实时视频图像信号和企业形象视频信号传输至 Internet 网上。利用网络视频把最需要传达给最终目标客户的信息发布出去，最终达到宣传企业产品和服务，在消费者心中树立良好的品牌形象从而最终达到企业的营销目的。

参考文献

曹玉凤，李秋凤.2016.肉牛科学养殖技术［M］.北京：金盾出版社.

郭妮妮，熊家军.2017.肉牛快速育肥与疾病防治［M］.北京：机械工业出版社.